분수와 소수 이야기

생각하는 초등수학
분수와 소수 이야기

초　판 1쇄 발행일 2007년 8월 15일
개정판 2쇄 발행일 2016년 10월 2일

지은이 고와다 마사시 · 야마자키 나오미
옮긴이 고선윤　그린이 신숙
펴낸이 김지영　펴낸곳 Gbrain
마케팅 김동준 · 조명구　제작 · 관리 김동영

출판등록 2001년 7월 3일 제2005-000022호
주소 121-895 서울시 마포구 어울마당로 5길 25-10 유카리스티아빌딩 3층
(구. 서교동 400-16 3층)
전화 (02)2648-7224　팩스 (02)2654-7696

ISBN 978-89-5979-329-7 (64410)
978-89-5979-331-0 SET

• 책값은 뒤표지에 있습니다.
• 잘못된 책은 교환해 드립니다.
• Gbrain은 작은책방의 교양 전문 브랜드입니다.

생각하는 초등수학

그림으로 원리를 알 수 있는

분수와 소수 이야기

고와다 마사시·야마자키 나오미 지음
고선윤 옮김 | 신 숙 그림

기본 개념부터 원리 이해까지
숲과 나무를 동시에 볼 수 있도록 구성된 책

"수학을 좋아하나요?"

"아니요!"

"왜요?"

"어려워서요!"

학교 현장에서 학생들과 대화를 나누다 보면 종종 수학이 어려워서 싫다고 하는 말을 자주 듣게 된다. 이런 말을 들을 때마다 학생들을 가르치는 교사로서 안타깝고 답답할 때가 많았다. 그러나 〈생각하는 초등수학〉이라는 책을 접하고 그동안 답답했던 마음을 해소해 줄 수 있는 방법을 찾은 것 같아 무척 반가웠다.

효과적인 학습과 관련하여 '듣기만 한 것은 잊어버리고(I hear and I forget), 본 것은 기억되지만(I see and I remember), 해 본 것은 이해할 수 있다(I do and I understand)'는 말이 있다. 학생들이 직접 따라서 그려 보면서 이해하도록 구성되어 있는 〈생각하는 초등수학〉 시리즈 중 《분수와 소수》는 초등학교 교육과정에 해당하는 분수의 기본 개념에서 시작하여 중등 수학 교육과정에 해당하는 최대공약수와 최소공배수 등 높은 수준의 활동까지 포함하고 있는데, 분수와 소수에 관련된 개념을 설명하기 위하여 실생활과 관련된

설명과 그림들을 풍부하게 사용하여 어려운 부분은 반복해서 읽고 생각하는 과정을 거치면 분수와 소수에 관련된 개념과 성질들을 초등학생들도 이해할 수 있으리라 생각한다.

수학 문제해결을 위해 공식이나 성질을 사용하는 것은 단순한 암기에 의한 문제해결이 아니라 공식이나 성질을 학생들이 스스로 발견하고 이해를 바탕으로 활용하는 것이 바람직하다. 《분수와 소수》는 분수와 소수에 관련된 공식이나 성질을 개념과 연관지어 설명함으로서 학생들이 공식이나 성질을 예상하고 확인할 수 있도록 구성했다. 따라서 학생들이 이 책을 읽어가는 동안 분수나 소수에 관련된 공식이나 성질을 스스로 발견한는 기쁨을 맛보게 될 것이다.

〈생각하는 초등수학〉 중 《분수와 소수》는 초등학교 교육 과정에서 중학교 교육 과정까지 단계적으로 학습하는 분수와 소수의 여러 개념과 성질들을 일목요연하게 정리해 놓아 학생들이 체계적으로 이해할 수 있도골 구성되어 있다.

따라서 분수와 소수에 대한 기본 개념의 이해가 부족한 학생들과 분수와 소수 영역을 체계적으로 정리하고자 하는 학생들에게 많은 도움을 줄 수 있는 책이라고 생각한다.

유 재 삼 구룡초등학교 선생님

논리적 사고력 향상을 위해 수학은 기본입니다

"수학을 왜 공부하나요?"

초등학교에서 20년이 넘게 아이들을 가르치면서 첫 번째 수학시간에 수학에 대하여 질문을 해 보라고 하면 아이들이 가장 많이 하는 질문입니다.

수학은 왜 공부해야 할까요?

초등학교의 고학년만 되어도 가장 하기 싫은 과목 1위 또는 2위를 다툴 정도로 학생들에게 학습에 대한 부담으로 작용하지만 사실 수학은 우리가 살아가는 데 매우 유용한, 꼭 배워야 하는 학문입니다. 일상 생활과 사회의 여러 가지 현상 중 수에 관계된 것을 체계적으로 간결하게 표현하는 학습을 통하여 수학적 감각을 키우고 논리적 사고력을 향상 시키기 위해서는 반드시 수학을 공부해야 합니다.

"수학 공부를 잘 하려면 어떻게 해야 하나요?"

이 질문은 초등학교 4학년 학생들이 자주하는 질문입니다. 우리

나라 사람들은 수학을 잘하는 학생을 공부를 잘 하는 학생으로 알고 있습니다.

그래서 어린 학생을 보면 "수학 잘 하니?"라고 묻는 경우가 많습니다.

초등학교에서 수학이 어려워지기 시작하는 때가 4학년 때입니다. 4학년이 되면 큰 수, 분수와 소수를 학습하고 좀 더 복잡한 문제를 해결하는 학습을 하게 되어 이해가 부족한 학생은 수학 성적이 떨어지는 경우가 많습니다. 이는 수학의 원리에 대한 이해의 부족으로 인한 현상이라 할 수 있습니다.

수학의 각 영역에 따른 기본적인 원리를 이해하고 이를 수식으로 나타내는 것을 통하여 고등수학을 공부하는 기초를 이룰 수 있습니다.

따라서 '생각하는 초등수학' 시리즈를 통하여 초등학교에서 학습하는 수학의 영역에 따른 원리를 확실하게 이해하면 중학교와 고등학교에 진학해서도 수학을 좀 더 잘 이해하고 문제 해결을 잘할 수 있는 지름길이 될 것입니다.

최광호 서울교대 부설초등학교 선생님

분수란 어떤 수

분수를 나타내는 방법

수학을 공부하는 것은 정신 체조를 하는 것이다.

–요한 하인리히 페스탈로치

분수의 덧셈과 뺄셈

분수의 곱셈과 나눗셈

소수

어떤 것을
분수라고 하나요?
사과 1개를 똑같이 두 쪽으로
나누었을 때, 그 한 조각을
가리켜 '사과가 몇 개'라고
할 수 있나요?
?
분수는 지금부터 3000년 이상
전에 이집트에서 사용되었다고 합니다.
분수는 그 이후부터 지금까지
사용되고 있는 소중한 수입니다.
사과 한 개를 똑같은
크기로 반씩 나눈 것을
$\frac{1}{2}$이라고 합니다.

지금부터 분수에
대해 공부하겠습니다.
1장
분수란 어떤 수
'분수란 어떤 수'를
보면 분수의 개념을
알 수 있어요.

1 분수란 어떤 수?

'바구니 속에 사과가 몇 개 있나요?' 라는 질문을 했을 때 우리는 0, 2, 3,……와 같은 수를 이용해서 '2개 있습니다'라거나 '14개 있습니다'라고 대답합니다. 혹은 '끈은 몇 미터 있습니까?'라거나 '우유는 몇 ℓ 있습니까?'라는 질문에 대답할 때도 수를 이용합니다.

그런데 사과 1개를 똑같이 두 쪽으로 나누었을 때, 그 한 조각을 가리켜 '사과가 몇 개'라고 할 수 있을까요?

3m의 끈을 똑같이 5개로 나누었을 때, 그중 하나의 길이는 몇 m라고 할 수 있을까요?

1ℓ의 우유를 4명이 똑같이 나누어 마셨을 때, 한 사람은 몇 ℓ의 우유를 마셨을까요?

이럴 경우 1, 2, 3, 4, 5, …와는 다른 수, 즉 **분수**를 이용하면 편리합니다.

분수는 지금으로부터 3000년 전에 이집트에서 사용되었다고 합니다. 그 이후부터 지금까지 사용되고 있는 소중한 수인 분수를 이제부터 공부하겠습니다.

단위분수 (1)

• $\frac{1}{2}$

사과 한 개를 똑같은 크기로 반씩 나누었습니다. 그것을 $\frac{1}{2}$이라고 합니다. 사과뿐만 아니라 어떤 것이라도, 하나를 똑같은 크기로 반 나누었을 때, 나눠진 각각의 크기를 $\frac{1}{2}$이라고 합니다. $\frac{1}{2}$는 '이분의 일'이라고 읽습니다.

사과 1개를 똑같은 크기로 반 나누면, 그 하나의 크기는 ⇨

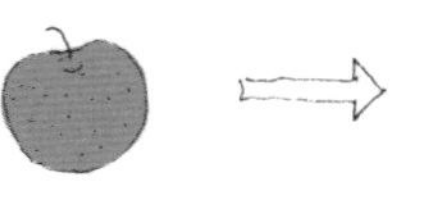

사과 1개 → 사과 $\frac{1}{2}$개

1m의 끈을 똑같은 길이로 반 나누면, 그 하나의 길이는 ⇨

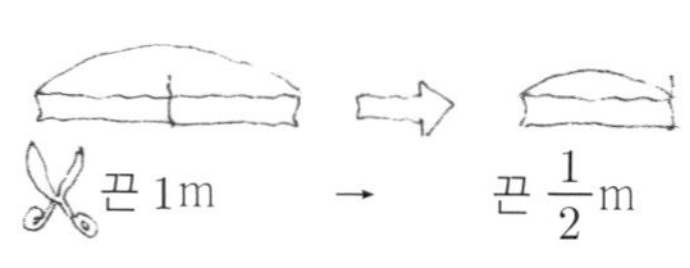

1ℓ의 우유를 똑같은 양으로 반 나누면, 그 양은 ⇨

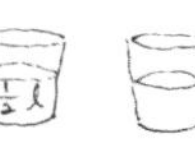

우유 1 ℓ → 우유 $\frac{1}{2}$ ℓ

한 장의 식빵을 아래의 그림과 같이 나누었을 때, 그중의 한 조각은 $\frac{1}{2}$장이라고 하지 않습니다.

· $\frac{1}{3}$

이번에는 3개로 나누는 것에 대해서 생각해 보아요.

하나를 똑같이 3개로 나누면 그 하나의 크기는 $\frac{1}{3}$이고, '삼분의 일'이라고 읽습니다.

사과 한 개를 똑같이 3개로 나누면, 그 하나의 크기는 ⇨

1m의 끈을 똑같이 3개로 나누면, 그 하나의 길이는 ⇨

1ℓ의 우유를 똑같이 3등분면 그 양은 ⇨

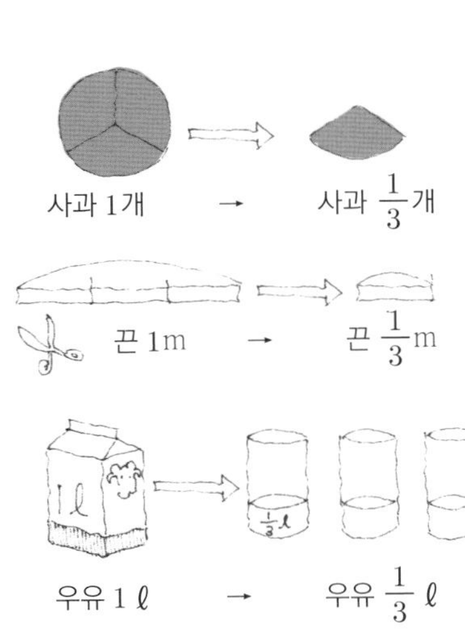

그럼 사과 1개를 똑같이 4개로 나누면, 한 조각은 $\frac{1}{4}$개겠네요.
그래. 똑같은 크기로 나누었다면 $\frac{1}{4}$개가 정답.
1m
1m의 끈을…
똑같은 길이로 6등분하면, 그 하나의 길이는 $\frac{1}{6}$m입니다.
100개로 자르면 하나의 길이는……
$\frac{1}{100}$m
$\frac{1}{5}$, $\frac{1}{23}$, $\frac{1}{14}$, $\frac{1}{50}$, $\frac{1}{90}$, …
우와~ 얼마든지 나눌 수 있겠네요.
정리하면 다음 쪽과 같아.

$\frac{1}{\square}$ 이란 하나를 똑같은 크기 □개로 나눈 것 중 하나이다.

위의 글에서 □에 1, 2, 3, … 등 좋아하는 숫자를 넣어 봅시다. 예를 들어 □에 8을 넣으면 위의 글은 '$\frac{1}{8}$이란 하나를 똑같은 크기 8개로 나눈 것 중 하나입니다'가 됩니다.

$\mathbf{\frac{1}{8}}$ → 그중 하나 / → 8등분한

$\mathbf{\frac{1}{3}}$ → 그중 하나 / → 3등분한

이처럼 $\frac{1}{\square}$ 로 나타내는 수를 **단위분수**라고 합니다.

체크

$\frac{1}{1}$ 이란 1을 말합니다.

문제 한 개의 사과를 똑같이 5등분하면 그중 하나는 몇 개일까요?

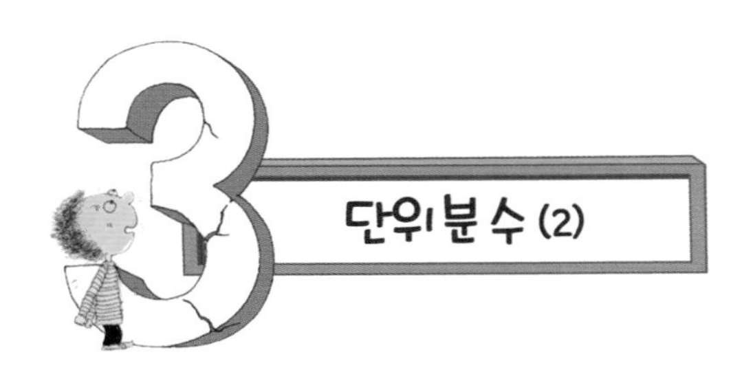

다양한 문제를 풀어보며 계속 생각해 볼까요?

1m의 끈을 똑같이 4등분하면 그중 하나는 몇 m의 끈이 될까요?

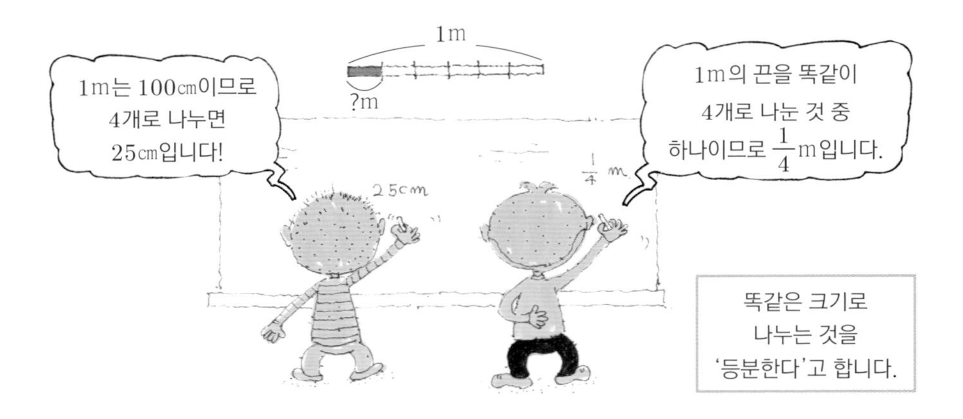

똑같은 크기로
나누는 것을
'등분한다'고 합니다.

두 사람의 답 중 어느 것이 정답일까요? 둘 다 틀리지는 않았습니다만, '몇 m?'라고 물었기 때문에 m 단위로 답하는 것이 맞습니다. 그래서 $\frac{1}{4}$m가 정답입니다.

다음과 같은 문제라면 어떻게 답해야 할까요?

쌀이 1㎏ 있습니다. 이것을 똑같이 2등분합니다. 그럼 그중 하나의 무게는 얼마입니까?

이번에는 '얼마입니까?' 라고만 하고, 단위를 지정하지 않았기 때문에 둘 다 정답입니다. 계속해서 1㎏의 쌀을 똑같이 3등분하면 그중 하나의 무게는 얼마일까요?

단위분수를 더한다

1을 똑같이 3개로 나누었을 때, 그중 하나를 $\frac{1}{3}$(3분의 1)이라고 합니다.

$\frac{1}{3}$과 $\frac{1}{3}$을 더하면 $\frac{2}{3}$(3분의 2)라고 합니다.
이것을 식으로 나타내면 다음과 같습니다.

$$\frac{1}{3}+\frac{1}{3}=\frac{2}{3}$$

⇧

$\frac{1}{3}$이 2개

$\frac{2}{3}$는 이런 것입니다.
이것이 약속입니다.

사과로 생각해 볼까요?
1개의 사과를 똑같이 3개로 나누면

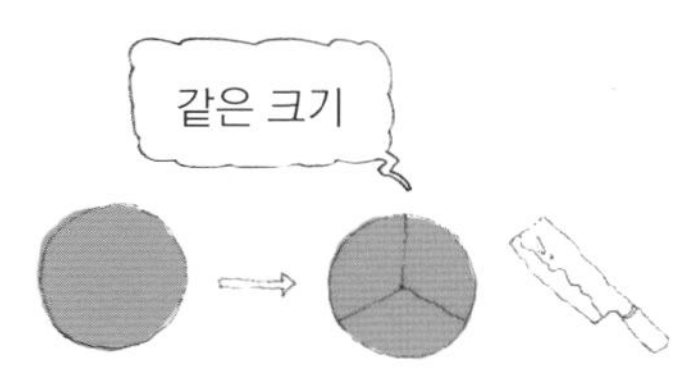

그중 1개는 $\frac{1}{3}$개의 사과.

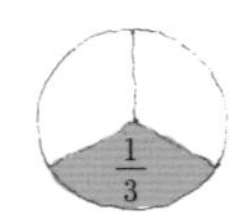

그중 2개는 $\frac{2}{3}$개의 사과.

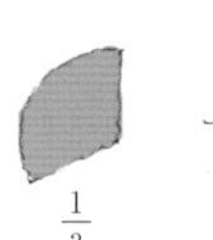

$\frac{1}{3}$ + $\frac{1}{3}$ =

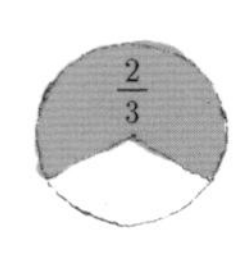

그렇습니다. $\frac{1}{3}$과 $\frac{1}{3}$과 $\frac{1}{3}$을 더한 것을 $\frac{3}{3}$(3분의 3)이라고도 하지만, $\frac{3}{3}$개의 사과는 사과 한 개와 같습니다.

$$\frac{3}{3}=1$$

1을 똑같이 4개로 나누면 그중 하나를 $\frac{1}{4}$(4분의 1)이라고 합니다. $\frac{1}{4}$과 $\frac{1}{4}$과 $\frac{1}{4}$을 더한 것을 $\frac{3}{4}$(4분의 3)이라고도 하며 식으로 나타내면 다음과 같습니다.

$$\frac{1}{4}+\frac{1}{4}+\frac{1}{4}=\frac{3}{4}$$

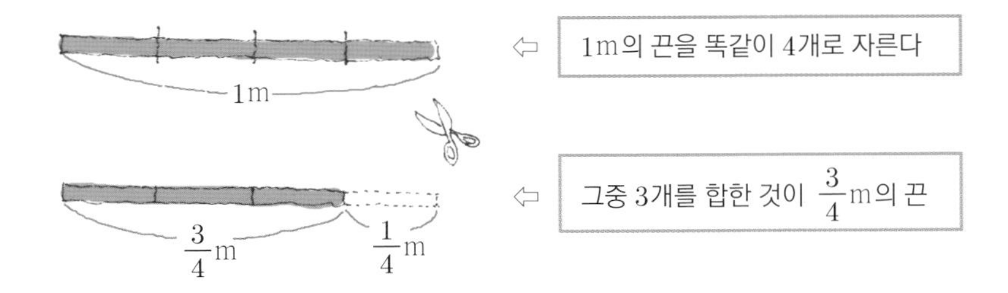

$\frac{1}{4}$과 $\frac{1}{4}$을 더한 것을 $\frac{2}{4}$(4분의 2)라고 합니다.

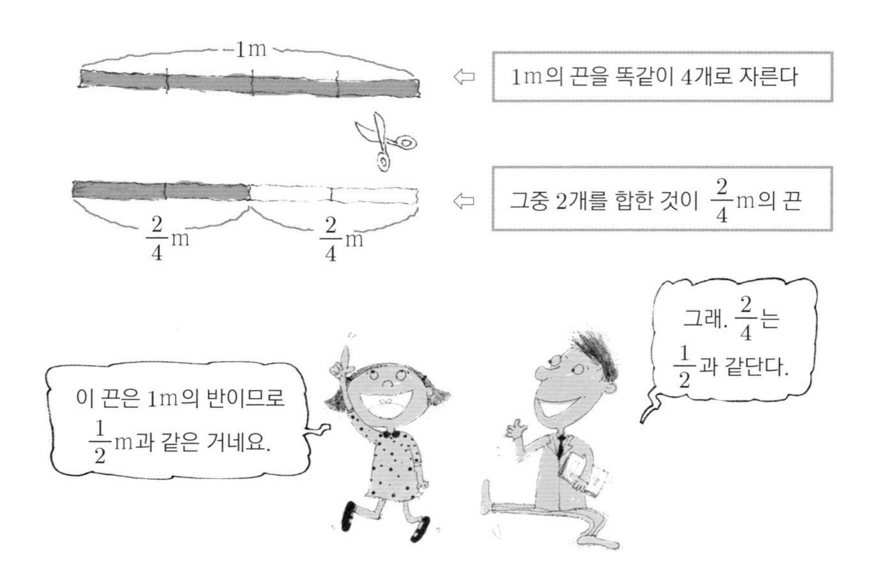

끈으로 생각하면, 1m의 끈을 똑같이 4개로 나누고 그중 2개를 합한 것이 $\frac{2}{4}$m입니다. 이 그림을 보면 $\frac{2}{4}$m와 $\frac{1}{2}$m는 똑같은 길이입니다. 실제로 $\frac{2}{4}$와 $\frac{1}{2}$은 같은 수입니다. 끈뿐만 아니라 사과로 생각해도 마찬가지입니다.

또 $\frac{1}{4}$ 을 4개 더한 것을 $\frac{4}{4}$라고 합니다.

$$\frac{1}{4}+\frac{1}{4}+\frac{1}{4}+\frac{1}{4}=\frac{4}{4}$$

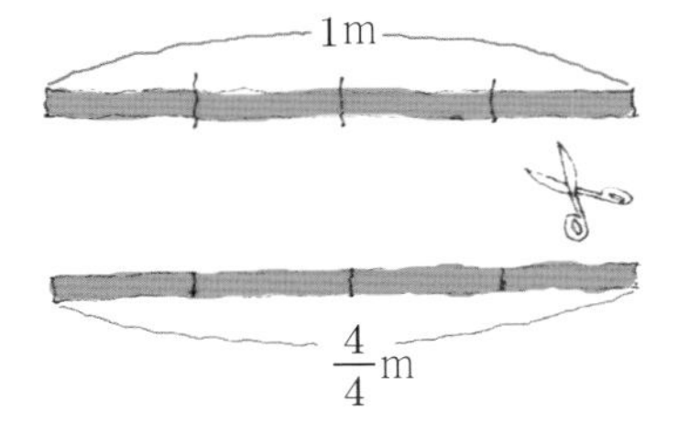

⇦ 1m의 끈을 똑같이 4개로 자른다

⇦ 자른 4개를 합한 것이 $\frac{4}{4}$m의 끈

이 그림을 보면 $\frac{4}{4}$m와 1m는 똑같은 길이입니다.

앞에서 $\frac{1}{1}$이나 $\frac{3}{3}$도 1과 같은 수라고 했습니다. 이렇게 1과 같은 크기의 분수는 얼마든지 있습니다. ㅡ의 위에 있는 수와 아래에 있는 수가 같은 분수는 모두 1과 같은 수입니다.

$$1=\frac{1}{1}=\frac{2}{2}=\frac{3}{3}=\frac{4}{4}=\frac{5}{5}=\frac{6}{6}=\cdots$$

$\frac{128065}{128065}$ 도 1과 같은 수이다.

이제까지의 내용을 정리하면 다음과 같습니다.

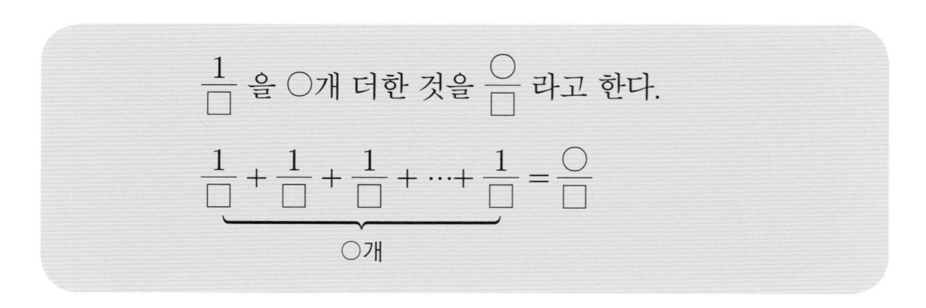

$\frac{1}{\square}$ 을 ○개 더한 것을 $\frac{\bigcirc}{\square}$ 라고 한다.

$$\underbrace{\frac{1}{\square}+\frac{1}{\square}+\frac{1}{\square}+\cdots+\frac{1}{\square}}_{\bigcirc\text{개}}=\frac{\bigcirc}{\square}$$

위의 ○나 □는 1, 2, 3, 4,…… 등의 수를 대신한 것입니다. □나 ○에 좋아하는 수를 넣어 보세요. 예를 들어 □에 3, ○에 2를 넣어 보면 위의 글은,

$$\left\{\begin{array}{l}\frac{1}{3}\text{을 2개 더한 것을 } \frac{2}{3}\text{라고 한다.}\\ \frac{1}{3}+\frac{1}{3}=\frac{2}{3}\end{array}\right\}\text{가 됩니다.}$$

○나 □를 이용해서 나타내면, 많은 것을 한꺼번에 나타낼 수 있어서 편리합니다.

문제 1 앞쪽의 네모 안에 든 글에 대해서

① □에 4, ○에 3을 넣고 그 의미를 생각해 보세요.

② □에 5, ○에 4를 넣고 그 의미를 생각해 보세요.

문제 2 아래 그림은 1m 길이의 끈입니다. 검은 부분은 몇 m인가요?

①  ⇦ 3등분

② ⇦ 6등분

③ ⇦ 5등분

문제 3 아래 그림은 면적이 1㎡인 널빤지입니다. 검은 부분의 면적은 몇 ㎡일까요?

① 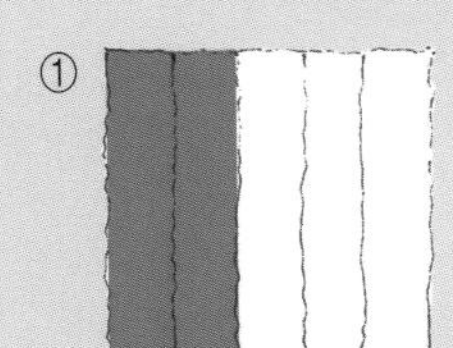

② 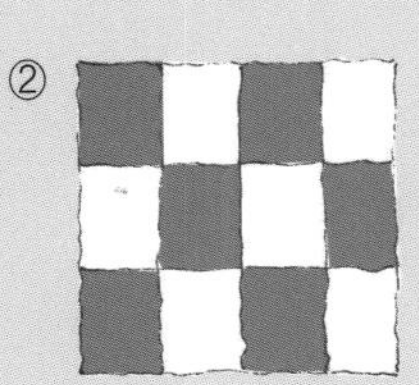

분수의 분모와 분자

$\frac{2}{3}$와 $\frac{3}{4}$처럼 $\frac{\bigcirc}{\square}$로 나타내는 수를 **분수**라고 합니다.

분수에서는 —의 아래의 수 □를 '분모', 위의 수 ○를 '분자'라고 합니다.

$\frac{\text{분자}}{\text{분모}}$ ↔ 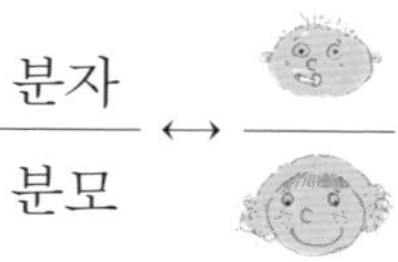

$\frac{2}{3}$ …분자 …분모

예를 들어 다음과 같이 말합니다.

'$\frac{1}{2}$ 이라는 분수의 분모는 2, 분자는 1입니다.'

'분모가 5, 분자가 3인 분수는 $\frac{3}{5}$ 입니다.'

이렇게 분모가 분자보다 큰 분수를 **진분수**라고 합니다.

분수의 분모는 몇 개로 등분했는가를 나타냅니다.

분수의 분자는 등분한 것 중 몇 개인가를 나타냅니다.

$\frac{2}{3}$ … 등분한 것 중 2개 / … 3등분한

$\frac{\bigcirc}{\square}$ … 등분한 것 중 ○개 / … □등분한

앞에서와 같이 ○나 □에 수를 넣어서 다양한 분수를 만들고 그 의미를 생각해 보세요.

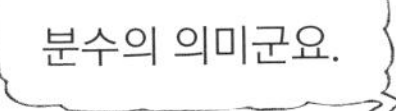

분모에는 0을 넣어서는 안 됩니다. 0개로는 나눌 수 없기 때문에 분모가 0인 분수는 없습니다. 한편 분자가 0이면 그 분수는 0과 같은 수입니다.

$$\frac{3}{0} \times \frac{5}{0} \times \boxed{\frac{0}{3},\ \frac{0}{1},\ \frac{0}{100}} = 0$$

문제 1 $\frac{2}{3}$에서 분모와 분자를 찾아보세요.

문제 2 분모가 8, 분자가 5인 분수를 나타내 보세요.

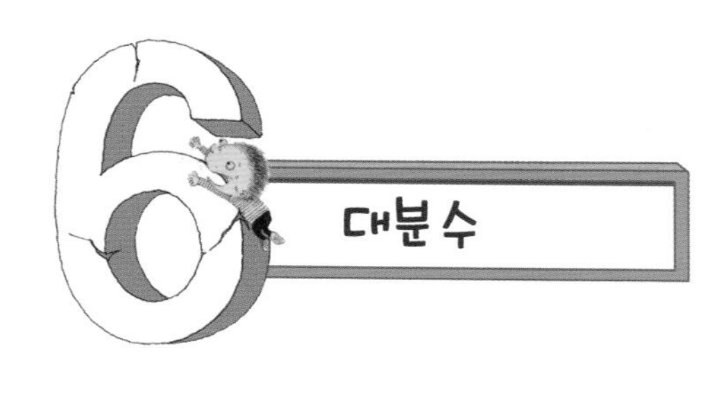

6 대분수

1과 $\frac{1}{2}$을 합한 것을 $1\frac{1}{2}$이라고 하고, '1과 2분의 1'이라고 읽습니다. 마찬가지로 2와 $\frac{1}{3}$을 합한 것을 $2\frac{1}{3}$이라고 하고, '2와 3분의 1'이라고 읽습니다.

$2\frac{1}{3}$처럼 자연수와 진분수를 붙여서 쓴 분수를 **대분수**라고 합니다.

문제 1 1m짜리 끈과 $\frac{1}{3}$m짜리 끈을 합하면 몇 m의 끈이 될까요?

문제 2 3과 $\frac{2}{5}$를 합한 수는 어떻게 나타낼 수 있을까요?

가분수

앞에서 '$\frac{1}{\square}$ 을 ○개 더한 것을 $\frac{\bigcirc}{\square}$ 라고 한다'는 것을 배웠습니다.

$$\underbrace{\frac{1}{\square}+\frac{1}{\square}+\frac{1}{\square}+\cdots+\frac{1}{\square}}_{\bigcirc\text{개}}=\frac{\bigcirc}{\square}$$

위의 글에서 □에 2, ○에 3을 넣어 봅시다.

그러면 '$\frac{1}{2}$ 을 3개 더한 것은 $\frac{3}{2}$ 이라고 한다'가 됩니다.

$$\frac{1}{2}+\frac{1}{2}+\frac{1}{2}=\frac{3}{2}$$

분자가 분모보다 크네.

분수 중에는 $\frac{3}{2}$ 처럼 분자가 분모보다 큰 것도 있습니다. 이런 분수를 **가분수**라고 합니다.

이런 분수를
가분수라고 합니다.

$\frac{12}{5}$ $\frac{5}{4}$ $\frac{7}{3}$

예를 들어 $\frac{3}{2}$m의 끈을 떠올려 보세요. $\frac{3}{2}$m는 $\frac{1}{2}$m를 3개 합한 것이므로 그 길이는 다음과 같습니다.

$\frac{3}{2}$m는 $1\frac{1}{2}$m와 같습니다.

이번에는 앞의 글의 □에 3, ○에 7을 넣어 봅시다.

'$\frac{1}{3}$을 7개 더한 것을 $\frac{7}{3}$이라고 한다.'

$$\underbrace{\frac{1}{3}+\frac{1}{3}+\frac{1}{3}+\frac{1}{3}+\frac{1}{3}+\frac{1}{3}+\frac{1}{3}}_{7\text{개}}=\frac{7}{3}$$

이것을 끈으로 생각하면 다음과 같습니다.

'$\frac{1}{3}$m의 끈을 7개 더한 것을 $\frac{7}{3}$m라고 한다.'

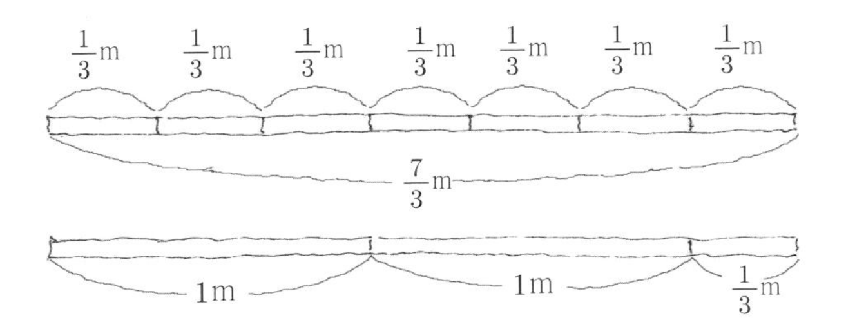

이것은 2m의 끈과 $\frac{1}{3}$m의 끈을 합한 것과 같습니다. 즉 $\frac{7}{3}$은 $2\frac{1}{3}$과 같습니다.

$\frac{3}{2}$이나 $\frac{7}{3}$만이 아닙니다. 모든 가분수는 대분수로 바꿀 수 있습니다.

$$\frac{5}{4} = \underbrace{\frac{1}{4} + \frac{1}{4} + \frac{1}{4} + \frac{1}{4}}_{\text{이것만으로 1}} + \frac{1}{4} = 1\frac{1}{4}$$

$\frac{5}{4} > 1$

$$\frac{7}{2}=\underbrace{\frac{1}{2}+\frac{1}{2}}_{\text{이것만으로 } 1}+\frac{1}{2}+\frac{1}{2}+\frac{1}{2}+\frac{1}{2}+\frac{1}{2}=3\frac{1}{2}$$

$\frac{7}{2}>1$

하지만 분자가 분모보다 작은 분수, 즉 진분수는 항상 1보다 작아서 대분수로 나타낼 수가 없습니다.

체크

$\frac{1}{1}$ 이나 $\frac{2}{2}$ 처럼 분모와 분자가 같은 분수도 가분수에 속합니다.

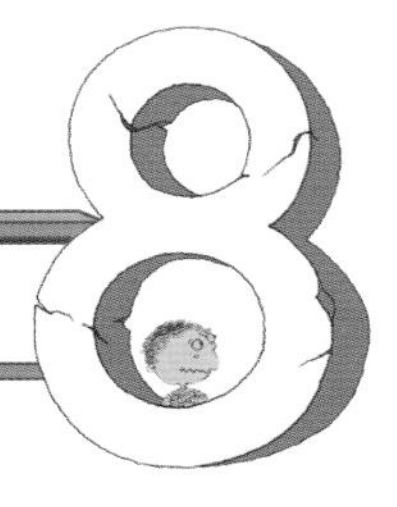

가분수를 대분수로 바꾸는 방법

가분수를 대분수로 바꾸기 위해 하나하나 그림을 그려 본다거나 단위분수를 더해 보는 것은 번거로운 일입니다. 뭔가 좋은 방법이 없을까요?

가분수 $\frac{7}{2}$ 을 대분수로 바꾸는 일을 다시 살펴볼까요?

$\frac{7}{2}$ 은 $\frac{1}{2}$ 을 7개 합한 것이므로 다음과 같습니다.

$$\begin{aligned}\frac{7}{2} &= \frac{1}{2}+\frac{1}{2}+\frac{1}{2}+\frac{1}{2}+\frac{1}{2}+\frac{1}{2}+\frac{1}{2}\\ &= \frac{2}{2}+\frac{2}{2}+\frac{2}{2}+\frac{1}{2}\\ &= 1+1+1+\frac{1}{2}\\ &= 3+\frac{1}{2}\\ &= 3\frac{1}{2}\end{aligned}$$

$\frac{7}{2}$ 안에 $\frac{2}{2}$ 가
몇 개 들어 있는지
조사해 보면 됩니다.

가분수를 대분수로 바꾸기 위해서는 다음과 같이 합니다.

(1) 분자 ○을 분모 □로 나눈다.

○÷ □= □ …△(나머지)

(2) □(몫)은 대분수의 자연수 부분, △(나머지)는 진분수 부분의 분자가 됩니다.

분모 □는 그대로입니다.

(○÷□ = □ … 나머지 △)

예를 들어 $\frac{10}{3}$ 을 대분수로 고쳐 보겠습니다.

10÷3=3 나머지 1 → $\frac{10}{3} = 3\frac{1}{3}$

체크

나머지가 없을 때는 자연수가 됩니다.

문제 다음 가분수를 대분수로 바꿔 보세요.

① $\frac{7}{5}$ ② $\frac{11}{3}$ ③ $\frac{9}{7}$ ④ $\frac{26}{5}$ ⑤ $\frac{64}{8}$

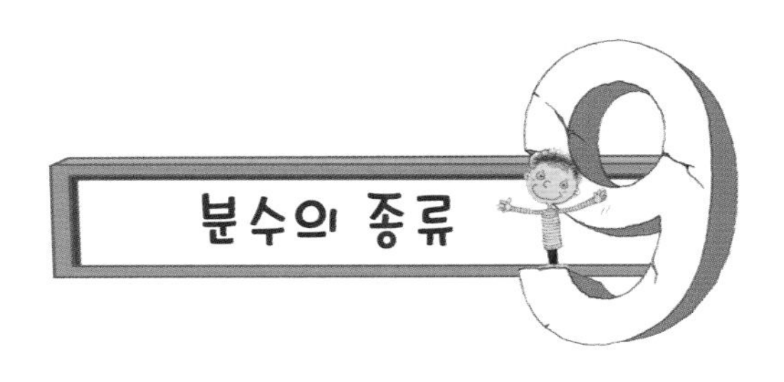

분수의 종류

지금까지 배운 여러 종류의 분수를 정리해 보겠습니다.

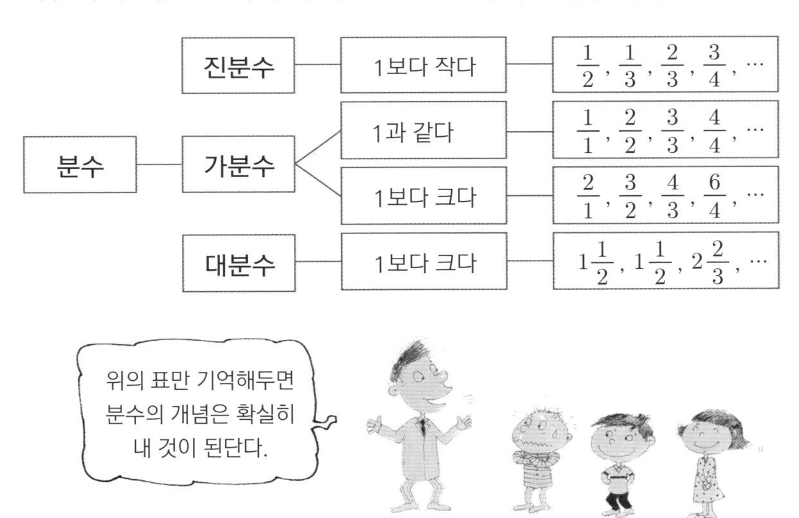

진분수 중 분자가 1인 분수를 **단위분수**라고 합니다. 그래서 $\frac{1}{2}$은 단위분수지만, $\frac{1}{1}$은 가분수이므로 단위분수가 아닙니다.

문제 다음 중 가분수를 골라 보세요.

$$\frac{1}{2}, \frac{5}{3}, \frac{5}{2}, \frac{1}{2}, \frac{10}{5}, \frac{100}{10}, \frac{20}{20}, \frac{19}{20}, \frac{99}{100}$$

분수는
세 종류가 있구나.
분수를 나타내는 방법?
그것은 뭘까?
?
분수는 알면 알수록
쓸모가 많은 실용적인
수학이야.
우와~ 분수에도
최소공배수가 있네요?

음~ 분수란 대체 뭐지?
왜 공부해야 하는 거냐고!
2장
분수를 나타내는 방법
분수끼리 크기를 비교하고
등분하는 것도 재미있단다.

어떤 분수가 있을 때, 분모와 분자 양쪽에 같은 수를 곱하면 어떤 분수가 될까요? 예를 들어 $\frac{1}{4}$이라는 분수의 분자와 분모에 2를 곱하면, 아래와 같습니다.

$$\frac{1\times 2}{4\times 2}=\frac{2}{8}$$

$\frac{2}{8}$가 되었습니다.

이것을 그림으로 나타내면 다음과 같습니다.

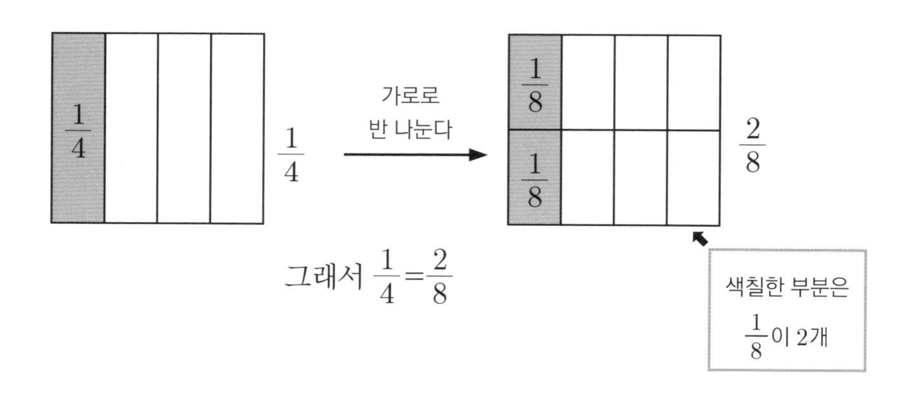

이번에는 $\frac{1}{4}$ 의 분모와 분자 각각에 3을 곱해 봅니다.

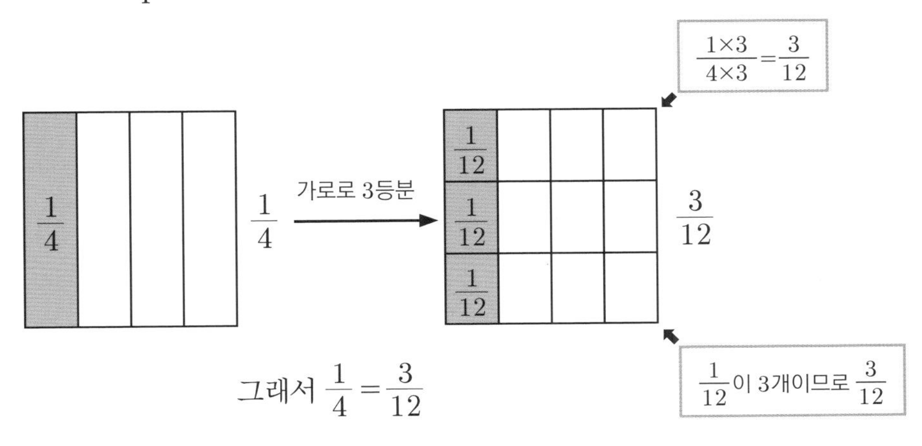

그래서 $\frac{1}{4} = \frac{3}{12}$

마찬가지로 $\frac{1}{4}$ 의 분모와 분자 각각에 4, 5, 6,…을 곱해서 분수를 만들어가면, 아래처럼 무수하게 많은 $\frac{1}{4}$ 과 같은 분수를 만들 수 있습니다.

$\frac{4}{16}, \frac{5}{20}, \frac{6}{24}, \cdots$

문제 $\frac{2}{5}$ 의 분모와 분자에 2, 3, 4를 각각 곱해서 $\frac{2}{5}$ 와 같은 크기의 분수를 만들어 보세요. 그리고 위와 같은 그림을 그려서 같은 크기라는 것을 확인해 보세요.

이제까지 공부한 것을 정리하면 다음과 같습니다.

'분모와 분자에 0이 아닌 같은 수를 곱하면, 크기가 같은 분수가 된다.'

그렇다면 어떤 분수의 분자와 분모 양쪽을 같은 수로 나누면 어떻게 될까요?

곱했을 때도 같다면 나누어도 같을 것입니다. $\frac{2}{8}$의 분모와 분자를 2로 나누어 봅시다.

$$\frac{2 \div 2}{8 \div 2} = \frac{1}{4}$$

$$= \frac{2}{8}$$

← $\frac{1}{4}$은 $\frac{2}{8}$와 같은 크기였다.

역시 크기가 바뀌지 않는다는 것을 알았습니다.

그래서 '분모와 분자에 0이 아닌 같은 수로 나누어도 크기가 같은 분수가 된다.'

↑ 곱해도 변하지 않는다.

분모와 분자를 같은 수로 나누어서 간단한 분수로 만드는 것을 **약분**한다고 합니다

문제 $\frac{3}{6}$ 과 같은 분수를 아래에서 골라 보세요.

$\frac{1}{2}$, $\frac{4}{10}$, $\frac{6}{12}$, $\frac{5}{8}$, $\frac{9}{18}$, $\frac{13}{16}$

약분하는 방법

분수를 약분하기 위해서는, 분모와 분자를 모두 나누어떨어지게 하는 수를 찾아서 그 수로 분모와 분자를 나눕니다.

예를 들어 $\frac{6}{9}$를 약분해 봅시다. 분모인 9와 분자인 6은 둘 다 3으로 나누어떨어집니다. 분모 9를 3으로 나누면 몫이 3, 분자 6을 3으로 나누면 몫이 2이므로 $\frac{6}{9}$을 약분하면 $\frac{2}{3}$가 됩니다.

$$\frac{\cancel{6}^{2}}{\cancel{9}_{3}} = \frac{2}{3}$$

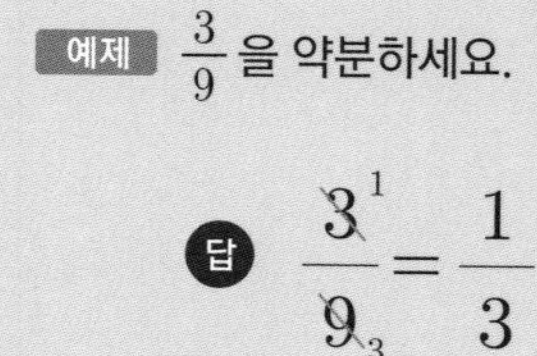

예제 $\frac{3}{9}$을 약분하세요.

답 $\frac{\cancel{3}^{1}}{\cancel{9}_{3}} = \frac{1}{3}$

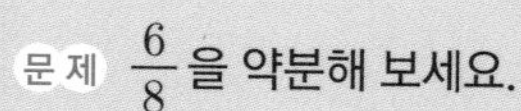

문제 $\frac{6}{8}$을 약분해 보세요.

$\frac{4}{12}$를 약분해 보세요.

위 두 사람의 답이 다릅니다. 하지만 걱정할 필요는 없습니다.

왼쪽의 답 $\frac{2}{6}$를 다시 한 번 약분해 볼까요? 분모와 분자를 각각 2로 나누는 것입니다.

이제부터는 '약분해 보세요' 라고 했을 때, 더 이상 약분할 수 없을 때까지 약분하도록 약속합니다.

예제 $\frac{20}{30}$ 을 약분해 보세요.

1. $\frac{20}{30} \xrightarrow{10} \frac{\cancel{20}^{2}}{\cancel{30}_{3}} = \frac{2}{3}$

2. $\frac{20}{30} \xrightarrow{5} \frac{\cancel{20}^{4}}{\cancel{30}_{6}} = \frac{4}{6} \xrightarrow{2} \frac{\cancel{4}^{2}}{\cancel{6}_{3}} = \frac{2}{3}$

3. $\frac{20}{30} \xrightarrow{2} \frac{\cancel{20}^{10}}{\cancel{30}_{15}} = \frac{10}{15} \xrightarrow{5} \frac{\cancel{10}^{2}}{\cancel{15}_{3}} = \frac{2}{3}$

위의 세 사람의 답은 모두 $\frac{2}{3}$입니다. 분수는 어떤 방법으로든 약분을 계속하면 마지막에는 같은 분수가 됩니다. 약분하는 방법은 여러 가지가 있습니다.

문제 다음 분수를 약분해 보세요.

① $\frac{10}{20}$ ② $\frac{5}{25}$ ③ $\frac{10}{15}$ ④ $\frac{10}{16}$ ⑤ $\frac{50}{100}$ ⑥ $\frac{15}{40}$

기약분수

$\frac{1}{2}$, $\frac{1}{3}$, $\frac{2}{3}$와 같은 분수는 더 이상 약분할 수 없습니다. 이렇게 더 이상 약분할 수 없는 분수를 **기약분수**라고 합니다.

분모와 분자를 1 이외의 수로는 더 이상 나눌 수 없는 분수

문제 다음 분수들은 기약분수일까요? 만약 기약분수가 아니라면 약분해서 기약분수로 만들어 보세요.

① $\frac{1}{2}$ ② $\frac{1}{3}$ ③ $\frac{2}{4}$ ④ $\frac{2}{5}$ ⑤ $\frac{3}{6}$

⑥ $\frac{3}{7}$ ⑦ $\frac{4}{6}$ ⑧ $\frac{5}{6}$ ⑨ $\frac{4}{8}$ ⑩ $\frac{5}{8}$

아래의 두 주머니에 크기가 같은 분수를 모아 보았습니다. A주머니에는 $\frac{1}{2}$과 같은 수의 분수가 들어 있습니다. B주머니 속에는 $\frac{1}{3}$과 같은 수의 분수가 들어 있습니다.

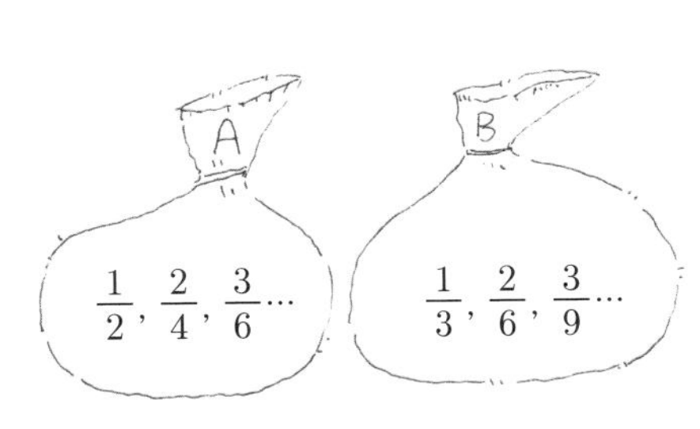

같은 크기의 분수를 모았습니다.

이렇게 같은 크기의 분수를 모두 모으면 그 속에는 반드시 하나의 기약분수가 있습니다. A주머니에서는 $\frac{1}{2}$이, B주머니에서는 $\frac{1}{3}$이 기약분수입니다.

A주머니의 분수는 약분하면 마지막에는 모두 $\frac{1}{2}$이 됩니다.

B주머니는 $\frac{1}{3}$이 됩니다. 또한 A주머니의 분수는 모두 기약분수 $\frac{1}{2}$의 분모와 분자에 2, 3, 4, 5, … 를 곱해서 만들어지는 분수입니다.

문제 1 A주머니 속의 분수 $\frac{8}{16}$은 $\frac{1}{2}$의 분모와 분자에 몇을 곱해서 만든 분수인가요?

문제 2 B주머니 속의 분수 $\frac{2}{6}$는 $\frac{1}{3}$의 분모와 분자에 몇을 곱해서 만든 분수인가요?

문제 3 $\frac{1}{3}$의 분모와 분자에 3을 곱하면 어떤 분수가 되나요?

$\frac{1}{2}$과 같은 크기의 분수를 표로 나타내 보았습니다.

분모, 분자에	2를 곱한다	3를 곱한다	4를 곱한다	5를 곱한다	6를 곱한다	7를 곱한다	…
$\frac{1}{2}$	$\frac{2}{4}$	$\frac{3}{6}$	$\frac{4}{8}$	$\frac{5}{10}$	$\frac{6}{12}$	$\frac{7}{14}$	…

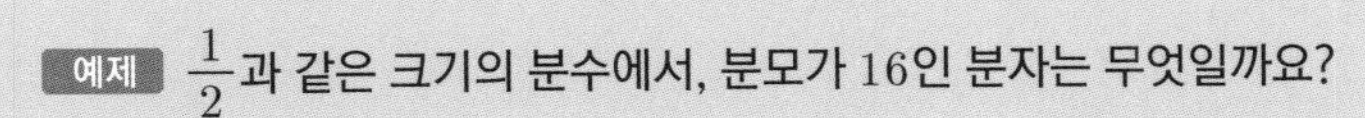

예제 $\frac{1}{2}$과 같은 크기의 분수에서, 분모가 16인 분자는 무엇일까요?

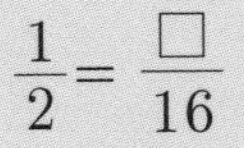

$$\frac{1}{2}=\frac{\square}{16}$$

□ 안에 들어갈 수를 찾아보아요.

답

분모 16은 $\frac{1}{2}$의 분모 2에 8을 곱한 것이므로, $\frac{1}{2}$의 분자 1에도 8을 곱하면 된다.

$$\frac{1}{2}=\frac{8}{16}$$

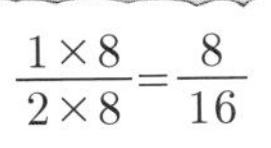

간단한데요.

문제 1 아래의 빈칸 ①에서 ⑪까지 채워 보세요.

분모, 분자에	2를 곱한다	3를 곱한다	②	5를 곱한다	6를 곱한다	⑤	…
$\frac{1}{3}$	$\frac{2}{6}$	①	$\frac{4}{12}$	③	④	$\frac{7}{21}$	…

분모, 분자에	2를 곱한다	3를 곱한다	4를 곱한다	5를 곱한다	6를 곱한다	7를 곱한다	…
$\frac{2}{3}$	⑥	⑦	⑧	⑨	⑩	⑪	…

문제 2 다음 □ 안에 맞는 수를 넣어 보세요.

① $\frac{1}{2} = \frac{\square}{18} = \frac{11}{\square}$　　② $\frac{1}{3} = \frac{\square}{18} = \frac{11}{\square}$

③ $\frac{3}{4} = \frac{\square}{12} = \frac{15}{\square}$　　④ $\frac{5}{2} = \frac{6}{\square} = \frac{\square}{20}$

문제 3 다음 분수들에서 $\frac{4}{10}$와 같은 분수를 찾아보세요.

$\frac{2}{5}$, $\frac{5}{10}$, $\frac{6}{15}$, $\frac{11}{20}$, $\frac{15}{20}$, $\frac{10}{30}$, $\frac{15}{40}$, $\frac{16}{40}$

자연수와 분수

$\frac{2}{1}$ 처럼 분모가 1인 분수는 어떨까요?

$$\frac{2}{1}=\frac{1}{1}+\frac{1}{1}$$

입니다. 여기서 $\frac{1}{1}$ 은 1이므로(17쪽)

$\frac{2}{1}$ =1+1=2가 됩니다.

마찬가지로

$\frac{4}{1}$ =4, $\frac{5}{1}$ =5, $\frac{6}{1}$ =6, …, $\frac{135}{1}$ =135, …

이렇게 되는 것을 알 수 있습니다. 이렇게 분모가 1인 분수는 자연수로 나타낼 수 있습니다. 따라서 지금부터는 $\frac{2}{1}$ 과 같은 분수는 2라고 적도록 합니다.

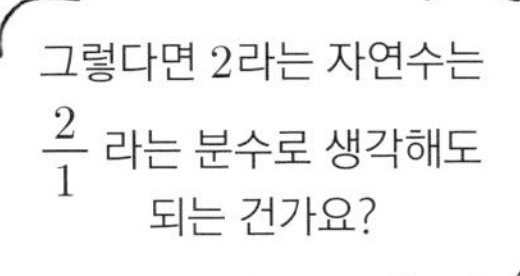

네. 모든 자연수는
분모가 1인 분수와 같다고
생각할 수 있습니다.

분모가 1이 아닌 분수에도 자연수와 같은 것이 있습니다.
예를 들어 $\frac{4}{2}$는 자연수와 같습니다.

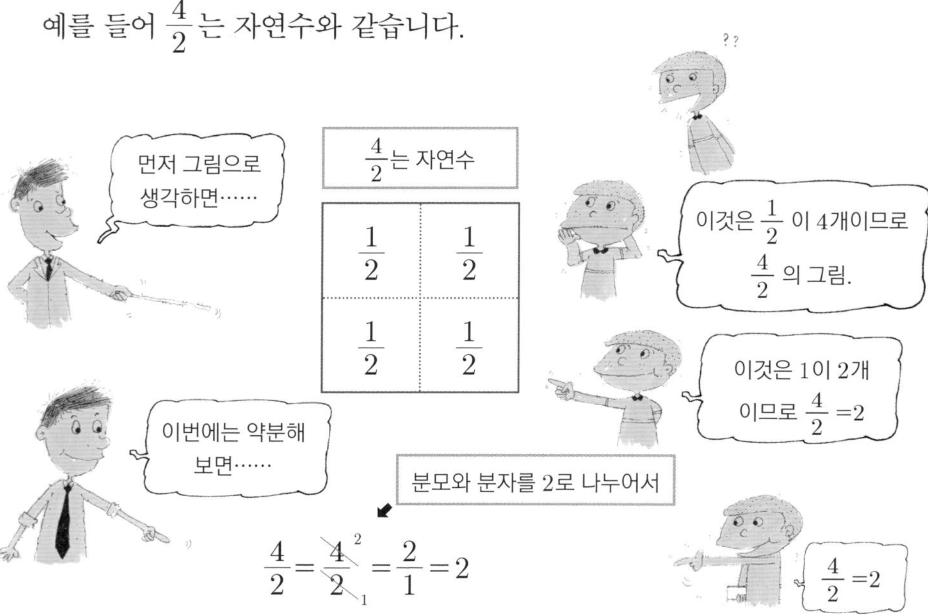

이렇게 약분했을 때 분모가 1이 되는 분수는 모두 자연수입니다.

문제 1 다음 분수를 약분해서 자연수로 고쳐 보세요.

① $\frac{6}{2}$　② $\frac{8}{2}$　③ $\frac{9}{3}$　④ $\frac{24}{12}$　⑤ $\frac{24}{3}$

문제 2 다음 분수 중 3과 같은 크기의 분수는 어느 것인가요?

① $\frac{15}{5}$　② $\frac{4}{2}$　③ $\frac{10}{3}$　④ $\frac{12}{4}$　⑤ $\frac{372}{124}$

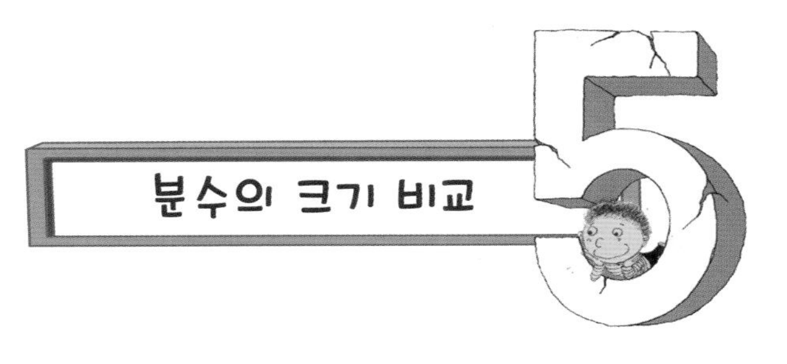

계속해서 이번에는 두 분수의 크기를 비교해 볼까요?

$\frac{2}{5}$와 $\frac{3}{5}$ 중 어느 것이 더 클까요? 끈 길이로 비교하면 아래의 그림과 같습니다. $\frac{2}{5}$보다 $\frac{3}{5}$이 더 크다는 것을 알 수 있습니다.

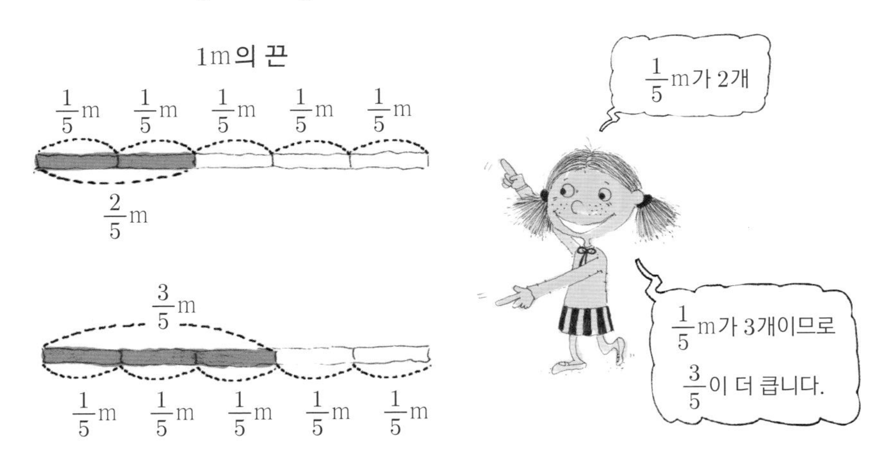

A가 B보다 작을 때, $A<B$라고 씁니다. A가 B보다 클 때 $A>B$라고 씁니다.

$\frac{2}{5}$가 $\frac{3}{5}$보다 작으므로 $\frac{2}{5}<\frac{3}{5}$입니다. 분모가 같은 분수들 중에서는 분자가 큰 것이 큽니다.

이번에는 분모가 다른 분수의 크기를 비교해 보도록 합시다.

$\frac{2}{3}$와 $\frac{3}{5}$중 어느 것이 더 클까요?

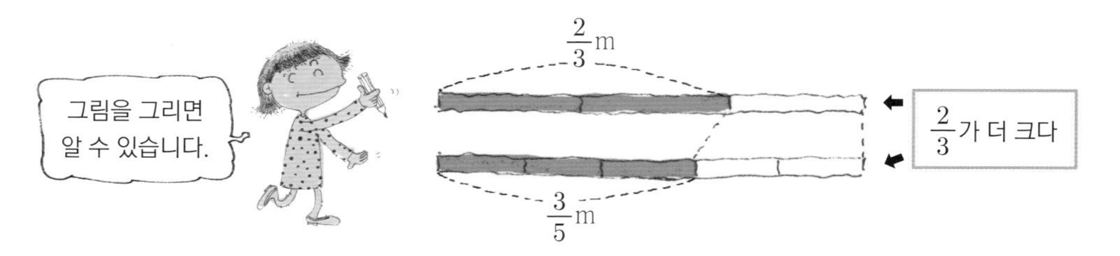

매번 그림을 그리면 귀찮겠죠. 그림을 그리지 않아도 어느 쪽이 더 큰지 알 수 있는 방법이 있습니다.

어떻게 하는 거예요?

먼저 $\frac{2}{3}$와 $\frac{3}{5}$의 분모를 같은 수로 만듭니다.

$$\frac{2}{3}=\frac{4}{6}=\frac{6}{9}=\frac{8}{12}=\frac{\mathbf{10}}{\mathbf{15}}=\frac{12}{18}=\cdots$$ ← $\frac{2}{3}$의 무리

$$\frac{3}{5}=\frac{6}{10}=\frac{\mathbf{9}}{\mathbf{10}}=\frac{12}{20}=\cdots$$ ← $\frac{3}{5}$의 무리

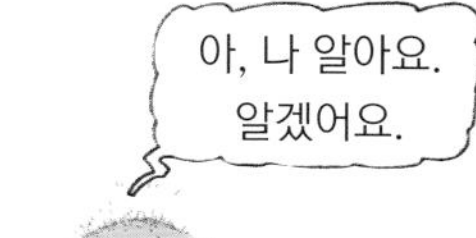

위의 무리 중 분모가 같은 분수인 $\frac{10}{15}$과 $\frac{9}{15}$를 비교하면 $\frac{10}{15}$이 더 크기 때문에 $\frac{2}{3}>\frac{3}{5}$이 됩니다.

문제 $\frac{6}{10}$과 $\frac{11}{20}$의 크기를 비교하려고 합니다. 다음 □ 안에 적당한 수를 넣어 보세요.

$$\frac{6}{10}=\frac{\square}{20} \text{ 이므로 } \frac{6}{10}>\frac{\square}{20} \text{ 이 된다.}$$

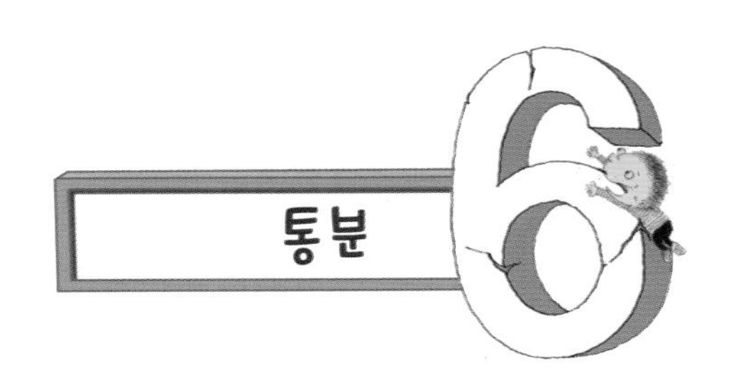

두 개 이상의 분수가 있을 때, 그 분수들의 분모를 같게 하는 것을 통분한다고 합니다. 분모가 다른 분수라도 통분하면 크기를 비교할 수 있게 되고, 덧셈, 뺄셈이 가능해집니다.

$\frac{1}{2}$과 $\frac{1}{3}$을 통분해 보도록 하겠습니다.

$$\frac{1}{2}=\frac{2}{4}=\frac{3}{6}=\frac{4}{8}=\frac{5}{10}=\frac{6}{12}=\frac{7}{14}=\cdots$$

$$\frac{1}{3}=\frac{2}{6}=\frac{3}{9}=\frac{4}{12}=\frac{5}{15}=\frac{6}{18}=\cdots$$

$\frac{3}{6}$과 $\frac{2}{6}$네요.

위의 식을 왼쪽부터 순서대로 보면 $\frac{1}{2}=\frac{3}{6}$, $\frac{1}{3}=\frac{2}{6}$로 모두 분모가 6이 됩니다. $\frac{1}{2}$과 $\frac{1}{3}$을 통분하면 $\frac{3}{6}$과 $\frac{2}{6}$가 됩니다. $\frac{3}{6}>\frac{2}{6}$이므로 $\frac{1}{2}>\frac{1}{3}$이라는 사실도 알 수 있습니다.

$\frac{6}{12}$과 $\frac{4}{12}$도 $\frac{1}{2}$과 $\frac{1}{3}$을 통분한 것이지만, 공통분모는 가능한 한 작은 것을 선택하도록 합니다.

따라서 다음과 같이 약속합니다.

통분할 때 공통분모는 최소의 것을 고른다.

문제 다음 분수를 통분해 보세요.

① $\frac{1}{2}$과 $\frac{2}{3}$ ② $\frac{2}{8}$와 $\frac{1}{18}$ ③ $\frac{1}{3}$과 $\frac{4}{5}$

세 분수의 통분도 같은 방법으로 할 수 있습니다.

$\frac{2}{3}$와 $\frac{5}{6}$와 $\frac{7}{9}$을 통분해 보세요.

$$\frac{2}{3}=\frac{4}{6}=\frac{6}{9}=\frac{8}{12}=\frac{10}{15}=\frac{12}{18}=\frac{14}{21}=\cdots$$

$$\frac{5}{6}=\frac{10}{12}=\frac{15}{18}=\frac{20}{24}=\frac{25}{30}=\frac{30}{36}=\frac{35}{42}=\cdots$$

$$\frac{7}{9}=\frac{14}{18}=\frac{21}{27}=\frac{28}{36}=\frac{35}{45}=\frac{42}{54}=\frac{49}{63}=\cdots$$

같은 무리

이렇게 같은 무리끼리 나열해 보면, 같은 분모가 나옵니다. 즉 이때 $\frac{2}{3}$, $\frac{5}{6}$, $\frac{7}{9}$을 통분하면 공통분모는 18이고 각각 $\frac{12}{18}$, $\frac{15}{18}$, $\frac{14}{18}$가 됩니다.

문제 1 다음 분수를 통분해 보세요.

① $\frac{1}{2}$, $\frac{1}{4}$, $\frac{1}{6}$　　② $\frac{1}{2}$, $\frac{3}{4}$, $\frac{1}{8}$, $\frac{3}{16}$

문제 2 다음 분수들의 크기를 비교하고 작은 순서대로 늘어놓아 보세요.

① $\frac{1}{3}$, $\frac{3}{6}$, $\frac{2}{9}$　　② $\frac{1}{2}$, $\frac{2}{3}$, $\frac{7}{12}$, $\frac{11}{24}$

★최소공배수와 통분

$\frac{1}{10}$ 과 $\frac{3}{19}$ 을 통분해 보세요. 앞에서와 같이 분모와 분자에 2, 3, 4, …를 곱합니다.

$$\frac{1}{10}=\frac{2}{20}=\frac{3}{30}=\frac{4}{40}=\frac{5}{50}=\frac{6}{60}=\frac{7}{70}=\frac{8}{80}=\frac{9}{90}=\cdots$$

$$\frac{3}{19}=\frac{6}{38}=\frac{9}{57}=\frac{12}{76}=\frac{15}{95}=\frac{18}{114}=\frac{21}{133}=\frac{24}{152}=\frac{27}{171}=\cdots$$

좀처럼 같은 분모의 분수가 나타나지 않습니다. 그래도 계속하면 언젠가는 반드시 분모가 같은 분수가 나올 것입니다.

$$\frac{1}{10}= \cdots =\frac{9}{90}=\frac{10}{100}=\frac{11}{110}=\frac{12}{120}= \cdots =\frac{19}{\dot{1}90}= \cdots$$

$$\frac{3}{19}= \cdots =\frac{27}{171}=\frac{30}{\dot{1}90}= \cdots$$

$$\frac{1}{10}=\frac{19}{190},\ \frac{3}{19}=\frac{30}{190}$$

분모를 190에 맞추면 됩니다. 그런데 이렇게 찾는 방법은 힘듭니다. 뭔가 좋은 방법이 없을까요?

$\frac{1}{10}$과 같은 크기의 분수의 분모는 10을 몇 배한 것(10의 배수)입니다. 마찬가지로 $\frac{3}{19}$과 같은 크기의 분수의 분모는 19를 몇 배한 것(19의 배수)입니다.

그래서 $\frac{1}{10}$과 $\frac{3}{19}$을 통분한 분수의 분모는 10의 배수이고 동시에 19의 배수입니다. 이렇게 몇 개의 수의 공통된 배수를 공배수라고 합니다.

통분한 분수의 분모는 가능한 한 작은 것으로 한다고 약속했습니다. 그러므로 10과 19의 배수 중 가장 작은 것을 선택하면 됩니다. 공배수 중 가장 작은 것을 **최소공배수**라고 합니다.

10과 19의 최소공배수가 190인 것을 알았다면 $\frac{1}{10} \rightarrow \frac{19}{190}$, $\frac{3}{19} \rightarrow \frac{30}{190}$처럼 통분하면 됩니다. 그렇다면 최소공배수는 어떻게 구할 수 있을까요?

참고 **최소공배수를 찾는 방법**

예를 들어, 18과 24의 최소공배수를 찾기 위해서는 다음과 같이 합니다.

(1) 18과 24 둘 다 나누어떨어지게 하는 수(1을 제외한)를 찾습니다. 18과 24는 둘 다 2로 나누어떨어지므로 2라고 적습니다. 그리고 각각의 몫인 9와 12를 18과 24 밑에 적습니다.

```
(1)… 2 ) 18  24
     ──────────
(2)… 3 )  9  12
     ──────────
          3   4
```

(2) 9와 12 모두 나누어떨어지게 하는 수 3을 적고, 3으로 나눈 몫 3과 4를 9와 12 밑에 적습니다.

(3) $2\times3\times3\times4=72$

(3) 3과 4 모두 나누어떨어지게 하는 수는 1밖에 없으므로 이것으로 끝. □ 안의 수 2, 3, 4를 곱합니다. 그렇게 해서 나온 72가 18과 24의 최소공배수입니다.

왜 72가 18과 24의 최소공배수일까요?

$18=\boxed{2\times3}\times3$

$24=\boxed{2\times3}\times4$

이므로 $\boxed{2\times3}\times3\times4$, 즉 72는 18과 24의 공배수이고, 또한 가장 작은 공배수입니다.

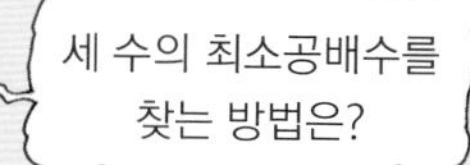

그건 다음 쪽에서
배우겠습니다.

그렇다면 세 수의 최소공배수는 어떻게 찾을 수 있을까요?

예를 들어 18과 20과 24의 최소공배수를 찾기 위해서는 다음과 같이 합니다.

(1)…	2)	18	20	24
(2)…	2)	9	10	12
(3)…	3)	9	5	6
		3	5	2

(1) 18과 20과 24 중 2개 이상을 나누어떨어지게 하는 수를 찾아서 나눕니다. 2는 18, 20, 24를 나누어떨어지게 합니다. 나눈 몫 9, 10, 12를 각각 그 밑에 적습니다.

(4) 2×2×3×3×5×2=360

(2) 9, 10, 12 중 10과 12는 2로 나누어떨어지므로 그 몫인 5, 6을 10과 12밑에 각각 적습니다. 9는 2로 나누어떨어지지 않으므로 그대로 9를 적습니다.

(3) 9, 5, 6 중 9와 6은 3으로 나누어떨어지므로 그 몫 3과 2를 각각 적습니다. 5는 3으로 나누어떨어지지 않으므로 그대로 5를 적습니다.

(4) 3, 5, 2 중에는 2개 이상 나누어떨어지게 하는 수가 1밖에 없으므로 이것으로 끝.

$2 \times 2 \times 3 \times 3 \times 5 \times 2 = 360$.

360이 18과 20과 24의 최소공배수입니다.

예제 $\frac{4}{45}$와 $\frac{13}{18}$을 통분해 보세요.

답을 보기 전에
스스로 풀어보는
문제에 대한 의~~리!

답

분모인 45와 18의 최소공배수를 찾습니다. 아래와 같이 하면 최소공배수는 90임을 알 수 있습니다.

$$\begin{array}{r|rr} 3 & 45 & 18 \\ \hline 3 & 15 & 6 \\ \hline & 5 & 2 \end{array}$$

최소공배수는 $3 \times 3 \times 5 \times 2 = 90$

5와 2로 나누어떨어지게 하는
수는 1밖에 없으므로 끝!

분모를 90으로 맞춥니다.

$90 = 45 \times 2$ $\qquad$ $90 = 18 \times 5$

$\frac{4}{45} = \frac{4 \times 2}{45 \times 2} = \frac{8}{90}$ $\qquad$ $\frac{13}{18} = \frac{13 \times 5}{18 \times 5} = \frac{65}{90}$

45에는 2를 곱하고,
18에는 5를 곱하면 됩니다.

예제 $\frac{3}{10}$, $\frac{2}{15}$, $\frac{5}{21}$, 을 통분해 보세요.

답

분모 10, 15, 21의 최소공배수를 찾아보세요.

아래와 같이 하면 최소공배수는 210임을 알 수 있습니다.

$$\begin{array}{r|rrr} 3 & 10 & 15 & 21 \\ \hline 5 & 10 & 5 & 7 \\ \hline & 2 & 1 & 7 \end{array}$$

최소공배수는 $3\times5\times2\times1\times7=210$

분모를 210에 맞춥니다.

$210=10\times21$　　$210=15\times14$　　$210=21\times10$

$$\frac{3}{10}=\frac{3\times21}{10\times21}=\frac{63}{210}$$

$$\frac{2}{15}=\frac{2\times14}{15\times14}=\frac{28}{210}$$

$$\frac{5}{21}=\frac{5\times10}{21\times10}=\frac{50}{210}$$

이번에는 문제를 풀어볼까요?

문제 1 $\frac{3}{4}$과 $\frac{5}{6}$와 $\frac{4}{9}$를 통분하려고 합니다. 순서대로 (   ) 안에 맞는 수를 넣어 주세요.

분모 4와 6과 9의 최소공배수를 찾습니다.

2) 4 6 9
3) (   ) ①
(   ) ②

왼쪽계산에서 4와 6과 9의 최소공배수는
(=   ) ③
입니다.

$$\frac{3}{4}=\frac{3\times(\quad)}{4\times9}=\frac{(\quad)}{36} \quad ④$$

$\frac{5}{6}$와 $\frac{4}{9}$도 마찬가지 방법으로 계산합니다.

답 (   ), (   ), (   )

문제 2 다음 분수를 통분해 보세요.

① $\left(\frac{5}{6}, \frac{1}{2}\right)$　　② $\left(\frac{1}{3}, \frac{3}{4}\right)$

③ $\left(\frac{7}{12}, \frac{11}{18}\right)$　　④ $\left(\frac{9}{10}, \frac{13}{25}\right)$

⑤ $\left(\frac{5}{12}, \frac{7}{20}\right)$　　⑥ $\left(\frac{1}{4}, \frac{21}{52}\right)$

⑦ $\left(\frac{1}{2}, \frac{1}{3}, \frac{1}{6}\right)$　　⑧ $\left(\frac{3}{4}, \frac{1}{12}, \frac{4}{15}\right)$

문제 3 다음 분수의 크기를 비교해 보세요.

① $\left(\frac{6}{13}, \frac{7}{25}\right)$　　② $\left(\frac{3}{16}, \frac{4}{19}\right)$

③ $\left(\frac{5}{6}, \frac{11}{14}, \frac{17}{21}\right)$　　④ $\left(\frac{13}{18}, \frac{5}{9}, \frac{21}{34}\right)$

분수도 덧셈과 뺄셈을
할 수 있구나.
분모가 다르면
어떻게 해요?
우와~ 어려운 건 아니죠?
?
최소공배수가
참 다양하게 쓰이지?!
수와 연산이 중요한
이유도 알겠지?
그래서 수와 연산이
수학의 기본 중 기본인 거군요.

우와~!
수학이 점점 재미있어
지고 있어요.
3장
분수의 덧셈과 뺄셈
세 분수의 크기를 비교하거나
분수의 덧셈, 뺄셈도
배우게 될 거야.

분모가 같은 분수의 덧셈

$\frac{1}{5}$m의 끈과 $\frac{2}{5}$m의 끈을
합하면 전부 몇 m의 끈이 될까요?

$\frac{1}{5}\ell$의 우유와 $\frac{2}{5}\ell$의 우유를
합하면 전부 몇 ℓ의 우유가 될까요?

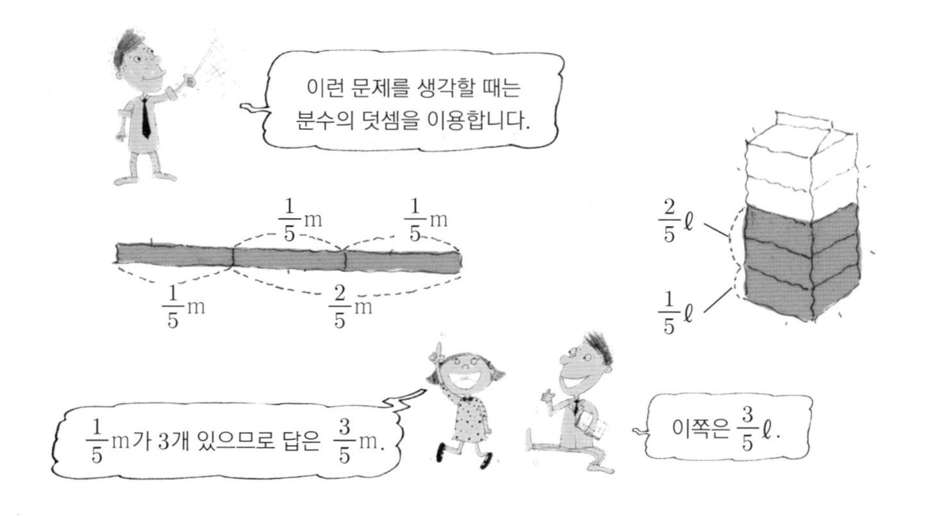

$\frac{2}{5}$는 $\frac{1}{5}$이 2개이므로, $\frac{1}{5}+\frac{2}{5}$는 $\frac{1}{5}$이 3개이므로 답은 $\frac{3}{5}$입니다.

$$\frac{1}{5}+\frac{2}{5}=\frac{1+2}{5}=\frac{3}{5}$$ ← 이렇게 적습니다.

분모가 같은 분수의 덧셈은, 분모는 그대로 두고 분자끼리 더하면 됩니다.

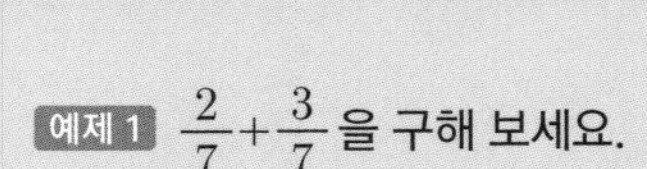

예제 1 $\frac{2}{7}+\frac{3}{7}$ 을 구해 보세요.

답

$$\frac{2}{7}+\frac{3}{7}=\frac{2+3}{7}=\frac{5}{7}$$

예제 2 $\frac{2}{5}+\frac{4}{5}$ 를 구해 보세요.

답

$$\frac{2}{5}+\frac{4}{5}=\frac{2+4}{5}=\frac{6}{5}$$ ……가분수다!

이 책에서는 답이 가분수일 때는 대분수로 고친다고 나와 있습니다. 그래서 답은 $1\frac{1}{5}$ 입니다.

$$\frac{2}{5}+\frac{4}{5}=\frac{2+4}{5}=\frac{6}{5}=1\frac{1}{5}$$

대분수로 고치는
방법은 34쪽!

체크1

$$\frac{1}{2}+\frac{1}{2}=\frac{1+1}{2+2}=\frac{\cancel{2}^{1}}{\cancel{4}_{2}}=\frac{1}{2} \quad \times$$

…이것은 틀렸습니다.

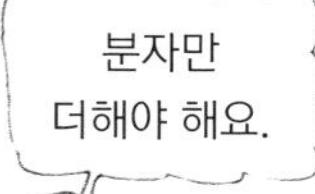

같은 분모끼리의 분수의 덧셈에서 분모도 더하는 사람이 있는데, 이것은 잘못된 것입니다 분자만 더해야 합니다.

$$\frac{1}{2}+\frac{1}{2}=\frac{1+1}{2}=\frac{2}{2}=1$$

체크2

기약분수끼리의 덧셈의 답이 기약분수가 아닐 수도 있습니다. 이때도 답은 반드시 기약분수로 고쳐주어야 합니다.

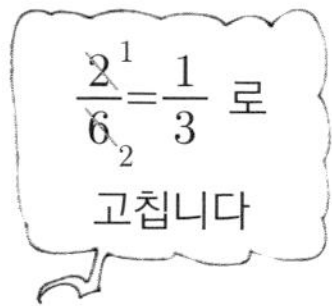

(예) $\frac{1}{6}+\frac{1}{6}=\frac{2}{6} \rightarrow \frac{1}{3}$ 로 고칩니다.

문제 1 다음 계산을 해 보세요.

① $\frac{2}{4}+\frac{1}{4}$ ② $\frac{2}{5}+\frac{2}{5}$ ③ $\frac{3}{13}+\frac{5}{13}$ ④ $\frac{1}{9}+\frac{4}{9}$

문제 2 다음 계산을 해 보세요

① $\frac{1}{7}+\frac{2}{7}$ ② $\frac{2}{8}+\frac{3}{8}$ ③ $\frac{1}{10}+\frac{2}{10}$ ④ $\frac{1}{5}+\frac{2}{5}$

⑤ $\frac{4}{7}+\frac{2}{7}$ ⑥ $\frac{5}{8}+\frac{1}{8}$ ⑦ $\frac{1}{9}+\frac{2}{9}$ ⑧ $\frac{1}{10}+\frac{1}{10}$

분모가 다른 분수의 덧셈

이번에는 $\frac{1}{2}+\frac{1}{3}$ 처럼 분모가 다른 분수의 덧셈을 알아볼까요?

분모가 다른 분수의 덧셈은 통분해서 계산하면 됩니다. 분모가 같은 분수의 덧셈은 분모는 그대로 두고 분자끼리의 합을 구하면 되기 때문입니다.

예를 들어 $\frac{1}{2}+\frac{1}{3}$ 이라면,

$\frac{1}{2}$ 과 $\frac{1}{3}$ 을 통분하면 $\frac{1}{2}=\frac{3}{6}$, $\frac{1}{3}=\frac{2}{6}$ 이므로

$$\frac{1}{2}+\frac{1}{3}=\frac{3}{6}+\frac{2}{6}=\frac{3+2}{6}=\frac{5}{6}$$

가 됩니다. 그림으로 그리면 다음과 같습니다.

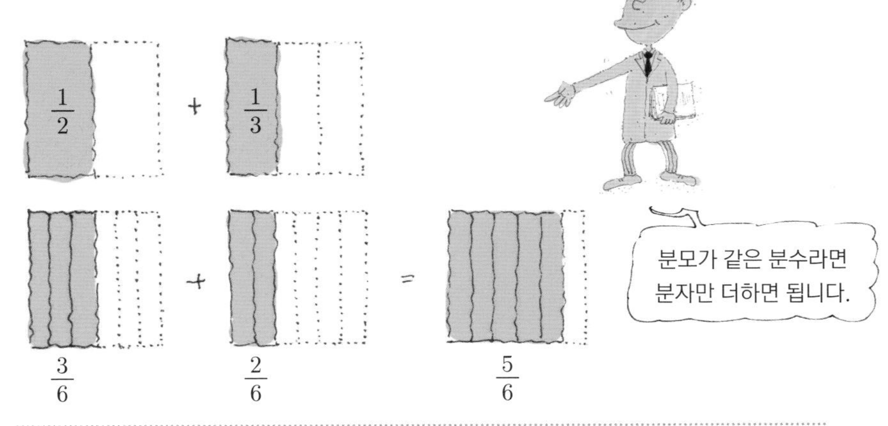

$$\frac{1}{2}+\frac{1}{3}=\frac{1+1}{2+3}=\frac{2}{5}$$

체크

약분할 수 있는 것은 약분해서 기약분수로 만듭니다.
가분수는 대분수로 고쳐야 한다는 것을 잊지 마세요.

예제 $\frac{5}{6}+\frac{5}{12}$를 계산해 보세요.

답

$$\frac{5}{6}+\frac{5}{12}=\frac{10}{12}+\frac{5}{12}$$ ← 통분한다

$$=\frac{10+5}{12}$$ ← 분자만 더한다

$$=\frac{15}{12}=\frac{5}{4}$$ ←약분한다

$$=1\frac{1}{4}$$ ←대분수로 고친다

통분할 때는
최소공배수를
구해야 합니다.

2) 6 12
3) 3 6
1 2
2×3×1×2=12

문제 다음 계산을 해보세요.

① $\frac{1}{2}+\frac{2}{3}$ ② $\frac{2}{5}+\frac{1}{6}$ ③ $\frac{5}{12}+\frac{8}{15}$

④ $\frac{3}{14}+\frac{8}{21}$ ⑤ $\frac{1}{3}+\frac{5}{7}$ ⑥ $\frac{4}{5}+\frac{5}{6}$

3 대분수의 덧셈 (1)

이번에는 대분수끼리의 덧셈을 살펴볼까요?

예를 들어 $1\frac{2}{5}+2\frac{1}{5}$를 그림으로 그리면 아래와 같습니다.

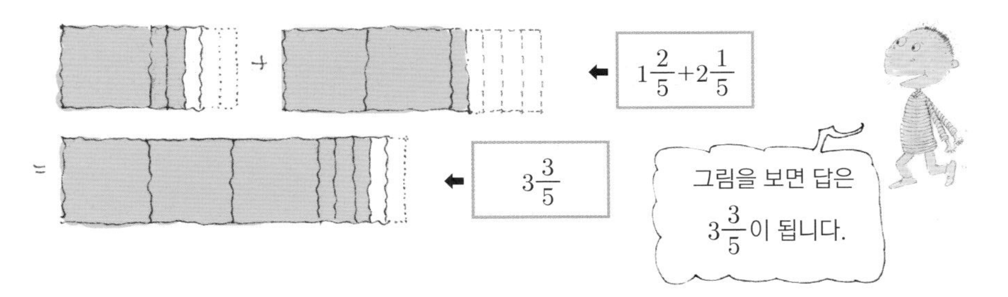

이번에는 $1\frac{2}{5}+2\frac{1}{5}=3\frac{3}{5}$이 옳다는 사실을 계산으로 설명하겠습니다.

$$1\frac{2}{5}=1+\frac{2}{5}$$
$$2\frac{1}{5}=2+\frac{1}{5}$$

대분수라는 것은 이런 것이기 때문에…

$$1\frac{2}{5}+2\frac{1}{5}=\left(1+\frac{2}{5}\right)+\left(2+\frac{1}{5}\right)$$
$$=(1+2)+\left(\frac{2}{5}+\frac{1}{5}\right)$$
$$=3+\frac{3}{5}=3\frac{3}{5}$$

계산으로도 옳다는 것을 알 수 있습니다.

이렇게 대분수의 덧셈에서는 자연수는 자연수끼리, 분수는 분수끼리 더합니다.

$$1\frac{2}{5}+2\frac{1}{5}=3\frac{3}{5}$$
$$1+2=3$$
$$\frac{2}{5}+\frac{1}{5}=\frac{3}{5}$$

1과 2를 더하면 3, $\frac{2}{5}$와 $\frac{1}{5}$를 더하면 $\frac{3}{5}$, $3+\frac{3}{5}$은 $3\frac{3}{5}$

문제 1 $2\frac{1}{3}+3\frac{1}{3}$의 계산은 다음과 같이 합니다. ( ) 안에 맞는 수를 넣어 주세요.

$2\frac{1}{3}+3\frac{1}{3}$ 을 계산하면

$2+3=($ $\qquad$ $)$ ①

$\frac{1}{3}+\frac{1}{3}=($ $\qquad$ $)$ ②

그래서

$2\frac{1}{3}+3\frac{1}{3}=($ $\qquad$ $)$ ③

이런 순서로 계산합니다.

문제 2 다음 계산을 해 보세요.

익숙해지면 바로 답을 구해도 됩니다.

① $3\frac{1}{3}+5\frac{1}{3}$ ② $4\frac{1}{5}+1\frac{3}{5}$

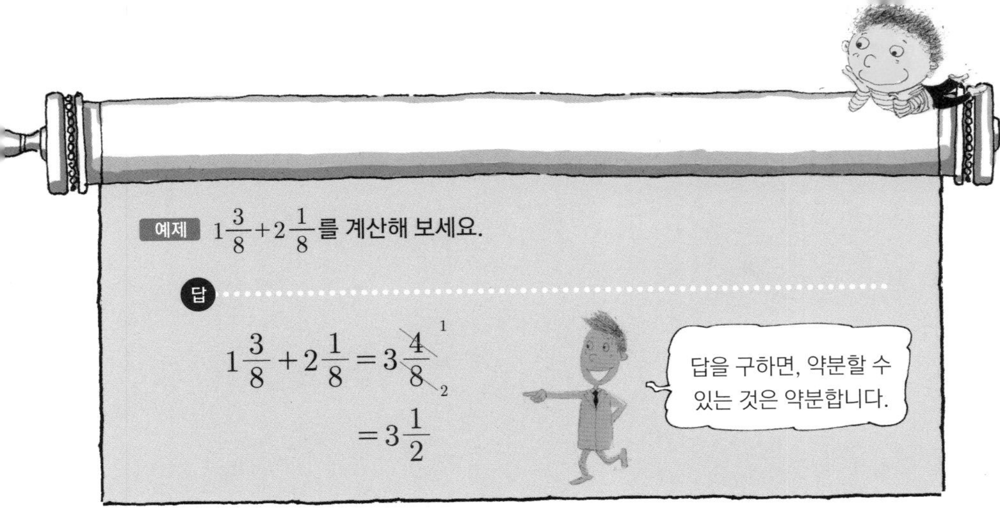

예제 $1\frac{3}{8}+2\frac{1}{8}$를 계산해 보세요.

답

$$1\frac{3}{8}+2\frac{1}{8}=3\frac{\cancel{4}^{1}}{\cancel{8}_{2}}$$

$$=3\frac{1}{2}$$

문제 다음 계산을 해 보세요.

① $4\frac{1}{4}+5\frac{1}{4}$　　② $3\frac{2}{9}+1\frac{1}{9}$

★진분수와 대분수의 덧셈

$\frac{3}{5}+3\frac{1}{5}$을 계산해 볼까요? $\frac{3}{5}$은 대분수가 아닙니다만 $3\frac{1}{5}$은 대분수입니다. 그림을 그리면 다음과 같습니다.

식으로 생각하면

$\frac{3}{5}=0+\frac{3}{5}$, $3\frac{1}{5}=3+\frac{1}{5}$ 이라고 생각할 수 있으므로,

$0\frac{3}{5}+3\frac{1}{5}=3\frac{4}{5}$ 가 됩니다.

문제 다음 계산을 해 보세요.

① $\frac{1}{7}+3\frac{2}{7}$ ② $1\frac{1}{5}+\frac{3}{5}$ ③ $4\frac{2}{9}+\frac{4}{9}$ ④ $\frac{8}{15}+6\frac{4}{15}$

★자연수와 분수의 덧셈

$4+2\frac{1}{2}$ 을 구해 보세요. 이번에는 한쪽이 자연수입니다. 그림으로 생각하면 다음과 같습니다.

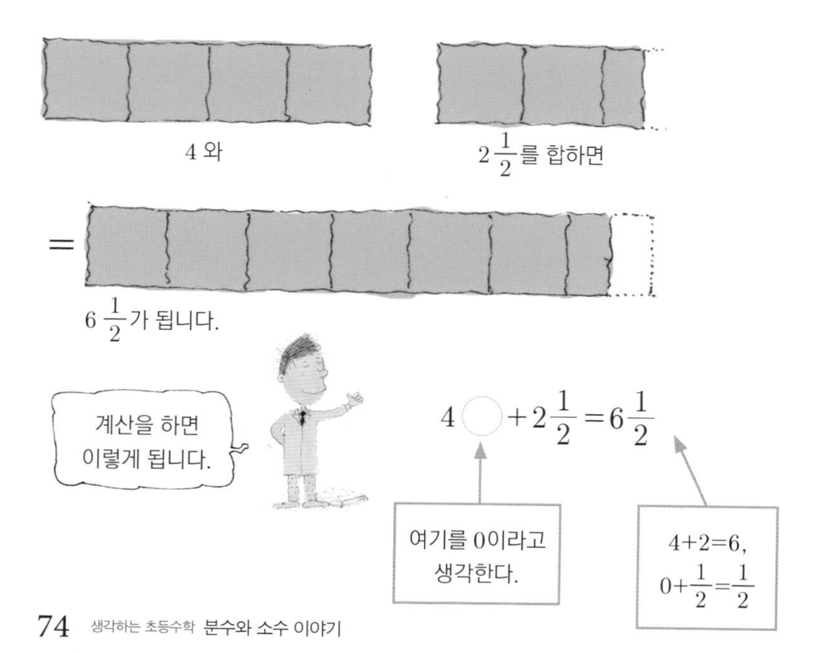

대분수의 덧셈(2)

★ 분모가 다른 대분수의 덧셈

예제 $1\frac{1}{4}+2\frac{2}{5}$를 계산해 보세요.

답

$$1\frac{1}{4}+2\frac{2}{5}=1\frac{5}{20}+2\frac{8}{20}$$ ← 통분한다

$$=3\frac{13}{20}$$

분모가 다른 대분수의 덧셈은 먼저 자연수끼리 더하고, 분수 부분은 통분한 다음 더합니다.

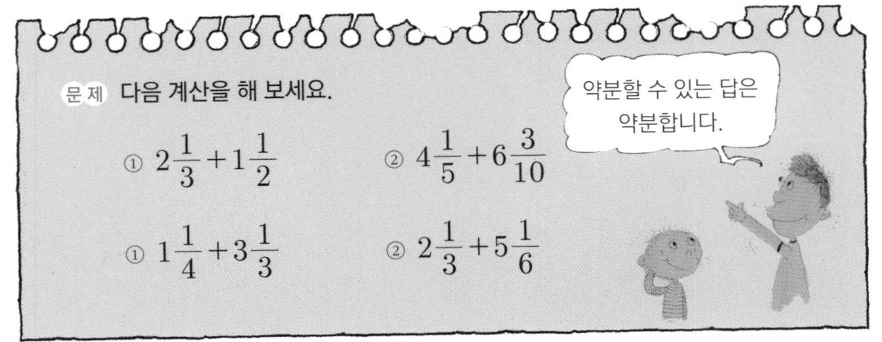

문제 다음 계산을 해 보세요.

① $2\frac{1}{3}+1\frac{1}{2}$　② $4\frac{1}{5}+6\frac{3}{10}$

① $1\frac{1}{4}+3\frac{1}{3}$　② $2\frac{1}{3}+5\frac{1}{6}$

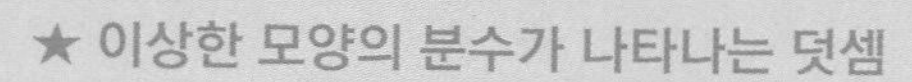

예제 1 $3\frac{3}{5}+2\frac{4}{5}$를 계산해 보세요.

분모가 같아서 쉬워요.

$$3\frac{3}{5}+2\frac{4}{5}=5\frac{7}{5}$$

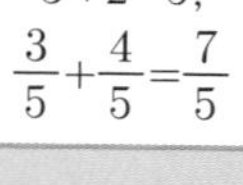

그런데 이것은 대분수에요 가분수에요?

알 수 없는 분수인데……

답

답이 $5\frac{7}{5}$과 같은 이상한 분수가 되었을 때는, 보통 모양의 대분수로 고칩니다.

$\frac{7}{5}$은 $1\frac{2}{5}$이므로

$$3\frac{3}{5}+2\frac{4}{5}=5\frac{7}{5}=5+1\frac{2}{5}=6\frac{2}{5}$$

이것이 답입니다.

예제 2 $1\frac{1}{3}+4\frac{2}{3}$를 계산해 보세요.

답

$$1\frac{1}{3}+4\frac{2}{3}=5\frac{3}{3}$$ ⬅ 이상한 모양의 분수

$$=5+\frac{3}{3}$$

$$=5+1=6$$

1+4=5, $\frac{1}{3}+\frac{2}{3}=\frac{3}{3}$이니까

이렇게 분수끼리 덧셈을 하면, 답이 자연수가 되기도 합니다.

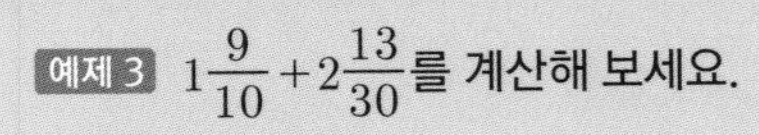

예제 3 $1\frac{9}{10}+2\frac{13}{30}$를 계산해 보세요.

답

$$1\frac{9}{10}+2\frac{13}{30}=1\frac{27}{30}+2\frac{13}{30}$$ ← 통분한다

$$=3\frac{40}{30}$$ ← 분자의 덧셈

$$=4\frac{10}{30}$$ ← 보통의 대분수로

$$=4\frac{1}{3}$$ ← 약분

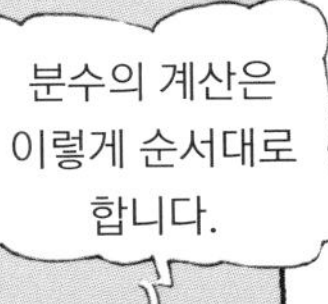

문제 1 다음의 분수들을 보통의 대분수로 고쳐 보세요.

① $3\frac{3}{2}$　② $4\frac{5}{3}$　③ $5\frac{4}{3}$　④ $1\frac{11}{8}$

문제 2 다음 계산을 해 보세요.

① $2\frac{1}{2}+4\frac{1}{2}$　② $3\frac{3}{5}+2\frac{4}{5}$　③ $\frac{5}{8}+2\frac{7}{8}$

④ $6\frac{5}{6}+\frac{1}{6}$　⑤ $5\frac{2}{3}+3\frac{3}{4}$　⑥ $1\frac{17}{20}+5\frac{2}{5}$

5 세 분수의 덧셈

마지막으로 세 분수의 덧셈을 해 볼까요?

예제 $\frac{3}{8}+\frac{5}{8}+\frac{2}{8}$를 계산해 보세요.

답

$\frac{3}{8}$은 $\frac{1}{8}$이 3개,
$\frac{5}{8}$는 $\frac{1}{8}$이 5개,
$\frac{2}{8}$는 $\frac{1}{8}$이 2개
모인 것.

$\frac{3}{8}+\frac{5}{8}+\frac{2}{8}$는 $\frac{1}{8}$이 10개 모인 것입니다.

$$\frac{3}{8}+\frac{5}{8}+\frac{2}{8}=\frac{10}{8}$$ ← 분수만 더한다

$$=1\frac{2}{8}$$ ← 대분수로 고친다

$$=1\frac{1}{4}$$ ← 약분한다

약분한 다음, 대분수로 고쳐도 답은 같습니다.

예제 $\frac{2}{3}+\frac{3}{10}+\frac{7}{15}$을 계산해 보세요.

답

$\frac{2}{3}+\frac{3}{10}+\frac{7}{15}$ 을 계산하기 위해서는 먼저 통분합니다. 3과 10과 15의 최소공배수는……

$$\begin{array}{r|rrr} 3 & 3 & 10 & 15 \\ \hline 5 & 1 & 10 & 5 \\ \hline & 1 & 2 & 1 \end{array}$$

$3\times5\times1\times2\times1=30$ ← 최소공배수.

$\frac{2}{3}=\frac{20}{30}$, $\frac{3}{10}=\frac{9}{30}$, $\frac{7}{15}=\frac{14}{30}$ 가 되기 때문에

$$\frac{2}{3}+\frac{3}{10}+\frac{7}{15}=\frac{20}{30}+\frac{9}{30}+\frac{14}{30}$$

$$=\frac{43}{30}$$ ← 가분수이므로

$$=1\frac{13}{30}$$ ← 대분수로 고친다

문제 다음 계산을 해 보세요.

① $\frac{1}{2}+\frac{1}{7}+\frac{1}{2}$　　② $\frac{1}{3}+\frac{3}{4}+\frac{2}{5}$

예제 $1\frac{2}{3}+2\frac{1}{4}+4\frac{5}{6}$을 계산해 보세요.

답

$1\frac{2}{3}+2\frac{1}{4}+4\frac{5}{6}$를 통분하기 위해서 먼저 3과 4와 6의 최소공배수를 구해 보세요.

$$\begin{array}{r|lll} 3 & 3 & 4 & 6 \\ \hline 2 & 1 & 4 & 2 \\ \hline & 1 & 2 & 1 \end{array}$$

$3\times2\times1\times2\times1=12$ ← 최소공배수

세 분수의 분모를 통분하고 계산합니다.

$$1\frac{2}{3}+2\frac{1}{4}+4\frac{5}{6}=1\frac{8}{12}+2\frac{3}{12}+4\frac{10}{12}$$

$$=7\frac{21}{12}$$

$$=8\frac{9}{12}$$ ← 보통 분수로 고친다

$$=8\frac{3}{4}$$ ←약분한다

이렇게 세 분수의 덧셈도 두 분수의 덧셈과 같은 방법으로 계산하면 됩니다.

문제 다음 계산을 해 보세요.

① $1\frac{3}{4}+\frac{1}{4}+\frac{2}{4}$

② $\frac{3}{10}+2\frac{1}{5}+1\frac{3}{7}$

③ $\frac{1}{4}+\frac{3}{8}+1\frac{5}{6}$

④ $2\frac{1}{3}+4\frac{2}{5}+3\frac{1}{6}$

분수의 뺄셈 (1)

먼저 분모가 같은 두 분수의 뺄셈을 생각합니다.

$\frac{2}{3}-\frac{1}{3}$을 계산합시다. 그림으로 생각하면 다음과 같습니다

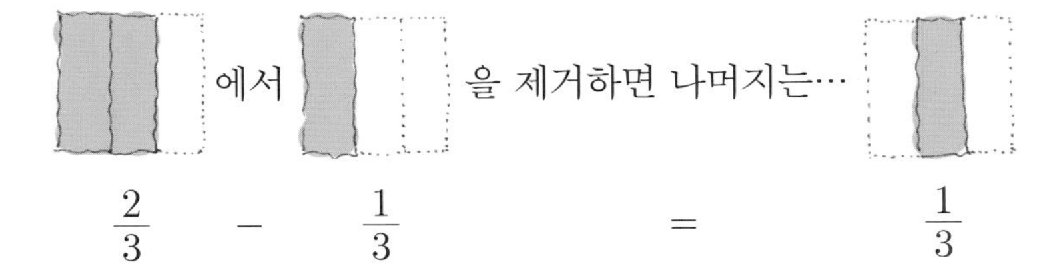

이것을 식으로 생각하면 다음과 같습니다.

$$\frac{2}{3}-\frac{1}{3}=\left(\frac{1}{3}+\frac{1}{3}\right)-\frac{1}{3}=\frac{1}{3}$$

$\frac{1}{3}$이 2개

$\frac{1}{3}$ 하나를 뺀다

분모가 같은 분수의 뺄셈은 다음과 같습니다.

> 분모가 같은 분수의 뺄셈은, 분모는 그대로 두고 분자만 뺄셈한다.

$$\frac{2}{3}-\frac{1}{3}=\frac{2-1}{3}=\frac{1}{3}$$

이렇게 적어도 됩니다.

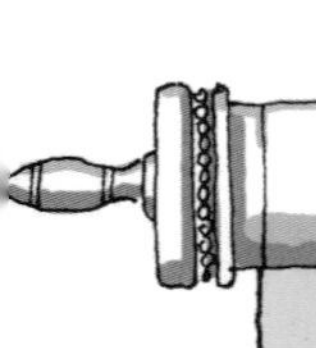

예제 $\frac{5}{8}-\frac{1}{8}$을 계산해 보세요.

답

분모가 같으므로 분자만 뺄셈하면, 5−1=4이므로

$$\frac{5}{8}-\frac{1}{8}=\frac{4}{8}$$
$$=\frac{1}{2}$$

'뺄셈을 할 때도 약분할 수 있을 때는 약분한다' 는 것을 잊어서는 안 됩니다.

문제 다음 계산을 해 보세요.

① $\frac{3}{5}-\frac{1}{5}$ ② $\frac{5}{6}-\frac{1}{6}$

③ $\frac{4}{7}-\frac{2}{7}$ ④ $\frac{5}{8}-\frac{3}{8}$

★ 분모가 다른 분수 사이의 뺄셈을 살펴보겠습니다.

$\frac{4}{5}-\frac{1}{2}$은 어떻게 계산해야 할까요?

분모가 같다면 분모는 그대로 두고 분자끼리의 뺄셈으로 계산할 수 있으므로 통분하면 됩니다.

$$\frac{4}{5}-\frac{1}{2}=\frac{8}{10}-\frac{5}{10}$$
$$=\frac{3}{10}$$

익숙해지면 중간은 생략해도 됩니다.

문제 다음 계산을 해 보세요.

① $\frac{5}{8}-\frac{1}{4}$ ② $\frac{2}{3}-\frac{1}{2}$

③ $\frac{8}{15}-\frac{2}{5}$ ④ $\frac{9}{10}-\frac{5}{12}$

★대분수끼리의 뺄셈

대분수끼리의 뺄셈은 어떻게 하면 될까요?

$3\frac{4}{7}-2\frac{1}{7}$ 을 그림으로 생각하면 다음과 같습니다.

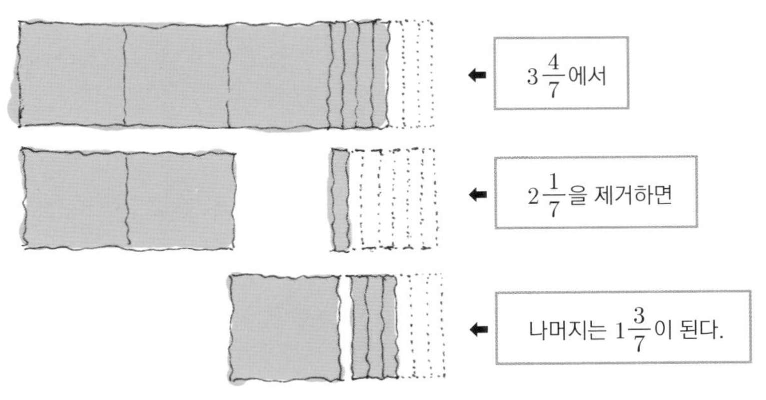

이 그림으로 알 수 있듯이 '대분수의 뺄셈은 자연수는 자연수끼리, 분수는 분수 부분끼리 각각 뺄셈'을 하면 됩니다.

$$3\frac{4}{7}-2\frac{1}{7}=1\frac{3}{7}$$

덧셈과 똑같네요.

$3-2=1$,
$\frac{4}{7}-\frac{1}{7}=\frac{3}{7}$
이라고 계산한다.

문제 다음 계산을 해 보세요.

① $4\frac{2}{3}-1\frac{1}{3}$ ② $5\frac{5}{6}-3\frac{2}{6}$

③ $8\frac{9}{10}-7\frac{1}{10}$ ④ $10\frac{11}{12}-8\frac{5}{12}$

예제 $2\frac{3}{7}-2\frac{1}{7}$을 계산해 보세요.

답

자연수끼리는 …… $2-2=0$

분수끼리는 …… $\frac{3}{7}-\frac{1}{7}=\frac{2}{7}$ 이므로

$$2\frac{3}{7}-2\frac{1}{7}=\frac{2}{7}$$

예제 $3\frac{1}{2}-1\frac{1}{2}$을 계산해 보세요.

$3-1=2$,
$\frac{1}{2}-\frac{1}{2}=0$

분수−분수가 자연수
가 될 수도 있습니다.

답

분수 부분이 0이므로
아무것도 적지 않습니다.

자연수끼리는 …… $3-1=2$

분수끼리는 …… $\frac{1}{2}-\frac{1}{2}=0$

$3\frac{1}{2}-1\frac{1}{2}=2$

아래의 그림을 보세요.

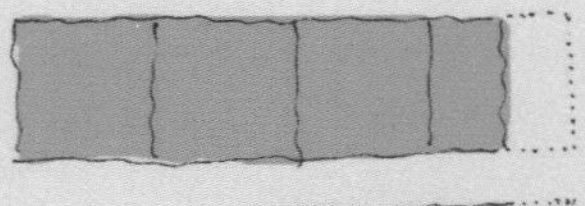

← $3\frac{1}{2}$에서

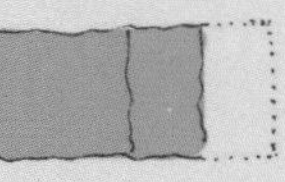

← $1\frac{1}{2}$을 빼면

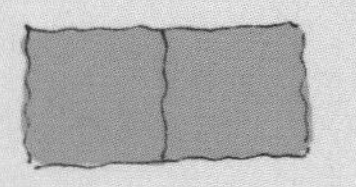

← 나머지는 2가 된다.

문제 다음 계산을 해 보세요.

① $1\frac{3}{5}-1\frac{1}{5}$　　② $2\frac{5}{6}-2\frac{1}{6}$

③ $4\frac{1}{3}-1\frac{1}{3}$　　④ $5\frac{7}{9}-\frac{7}{9}$

분수의 뺄셈 (2)

이번에는 조금 어려운 뺄셈을 해 볼까요?

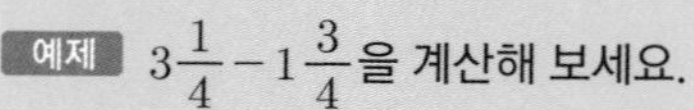

예제 $3\frac{1}{4}-1\frac{3}{4}$을 계산해 보세요.

이대로는 계산할 수 없으니 조금 생각해 볼까?

3−1=2. 그런데 $\frac{1}{4}-\frac{3}{4}$은 어떻게 계산하죠?

답

$3\frac{1}{4}=2\frac{5}{4}$ 로 고치면,

$$3\frac{1}{4}-1\frac{3}{4}=2\frac{5}{4}-1\frac{3}{4}$$

$$=1\frac{2}{4}=1\frac{1}{2}$$

위의 계산에서 중요한 것은 $3\frac{1}{4}$을 $2\frac{5}{4}$로 고치는 일입니다. 식으로 생각하면 다음과 같습니다.

$$3\frac{1}{4}=2\frac{1}{4}+1$$

$$=2\frac{1}{4}+\frac{4}{4}$$

$$=2\frac{5}{4}$$

$1=\frac{4}{4}$를 이용하면 끝~!

이상한 모양의 분수 $2\frac{5}{4}$로 고치는 거죠.

문제 1 다음 계산을 해 보세요.

① $4\frac{1}{3}-2\frac{2}{3}$　　② $5\frac{1}{4}-3\frac{3}{4}$

★ 자연수에서 분수를 빼기 위해서는 어떻게 해야 할까요?

예제 $3-1\frac{1}{4}$을 계산해 보세요.

답

$3=2\frac{4}{4}$ 이므로

$$3-1\frac{1}{4}=2\frac{4}{4}-1\frac{1}{4}$$
$$=1\frac{3}{4}$$

이렇게 자연수에서 분수를 뺄 때는 자연수를 이상한 모양의 분수로 고쳐서 계산하면 됩니다.

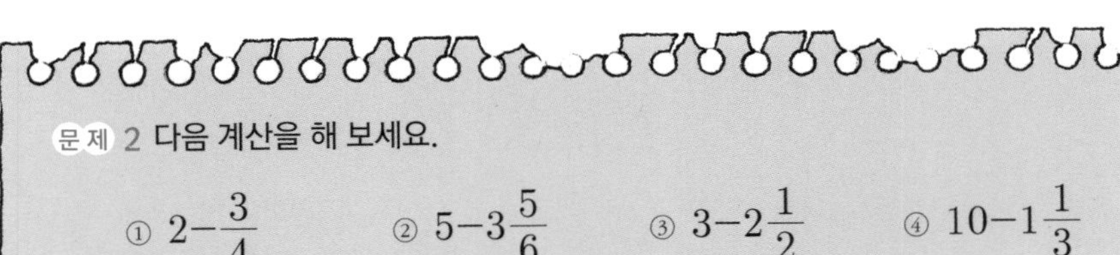

문제 2 다음 계산을 해 보세요.

① $2-\frac{3}{4}$　　② $5-3\frac{5}{6}$　　③ $3-2\frac{1}{2}$　　④ $10-1\frac{1}{3}$

지금까지 배운 것이라면

이제까지 배운 것을 모두 이용해서…….

통분하는 것, 이상한 모양의 분수로 고치는 것, 약분하는 것 등.

예제 $2\frac{1}{3}-1\frac{5}{6}$ 를 계산해 보세요.

답

$$2\frac{1}{3}-1\frac{5}{6}=2\frac{2}{6}-1\frac{5}{6} \quad \leftarrow \text{통분한다}$$

$$=1\frac{8}{6}-1\frac{5}{6} \quad \leftarrow \text{2를 1로}$$

$$=\frac{3}{6} \quad \leftarrow \text{약분한다}$$

$$=\frac{1}{2}$$

문제 다음 계산을 해 보세요.

① $2\frac{1}{4}-1\frac{1}{2}$

② $5\frac{1}{6}-1\frac{5}{8}$

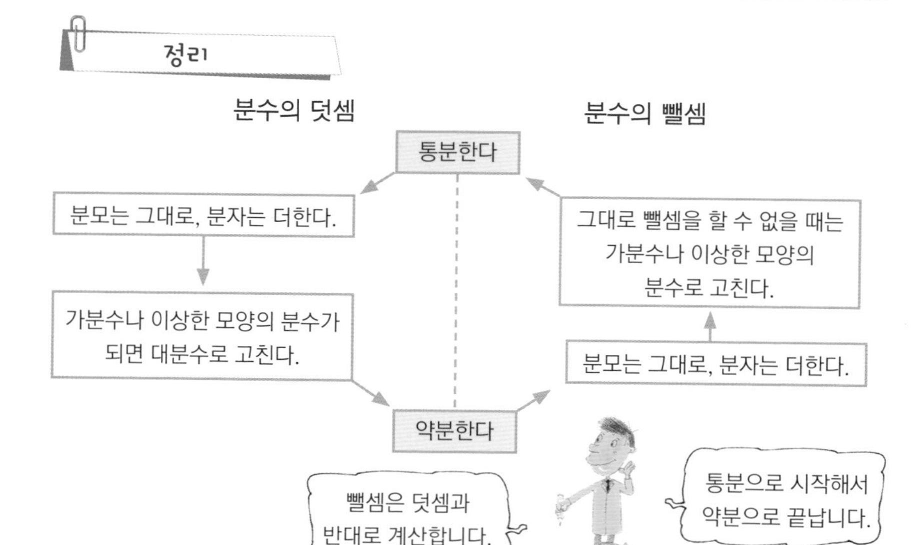

세 분수의 덧셈과 뺄셈

지금까지 배운 것을 이용해서 세 분수의 덧셈과 뺄셈을 계산해 보세요.

예제 1 $\frac{5}{8}-\frac{1}{8}-\frac{3}{8}$을 계산해 보세요.

답

$$\frac{5}{8}-\frac{1}{8}-\frac{3}{8}=\frac{1}{8}$$

$\frac{5-1-3}{8}=\frac{1}{8}$
간단하네요!!

분모가 같으니 분자만
계산하면 되는 거지!

분모가 같으니 분자만 계산하면 됩니다.

예제 2 $\frac{5}{8}-\frac{1}{8}+\frac{3}{8}$을 계산해 보세요.

답

$$\frac{5}{8}-\frac{1}{8}+\frac{3}{8}=\frac{7}{8}$$

분모는 8,
분자는 5−1+3=7

문제 다음 계산을 해 보세요.

① $\frac{7}{9}+\frac{5}{9}+\frac{1}{9}$　　② $\frac{7}{9}-\frac{5}{9}-\frac{1}{9}$

③ $\frac{7}{9}-\frac{5}{9}+\frac{1}{9}$　　④ $\frac{7}{9}+\frac{5}{9}-\frac{1}{9}$

예제 1 $\frac{3}{4}-\frac{1}{8}-\frac{1}{6}$을 계산해 보세요.

답

4, 8, 6의 최소공배수를 구합니다.

$$\begin{array}{r|rrr} 2 & 4 & 8 & 6 \\ \hline 2 & 2 & 4 & 3 \\ \hline & 1 & 2 & 3 \end{array}$$

$2\times2\times1\times2\times3=24$ …최소공배수

24로 분모를 통분하면,

$$\frac{3}{4}=\frac{3\times6}{4\times6}=\frac{18}{24},\ \frac{1}{8}=\frac{1\times3}{8\times3}=\frac{3}{24},\ \frac{1}{6}=\frac{1\times4}{6\times4}=\frac{4}{24}$$

이므로,

$$\frac{3}{4}-\frac{1}{8}-\frac{1}{6}=\frac{18}{24}-\frac{3}{24}-\frac{4}{24}$$

$$=\frac{11}{24}$$

예제 2 $5\frac{6}{7}-1\frac{3}{7}-2\frac{1}{7}$을 계산해 보세요.

답

$$5\frac{6}{7}-1\frac{3}{7}-2\frac{1}{7}=2\frac{2}{7}$$

문제 1 다음 계산을 해 보세요.

① $\frac{5}{8}-\frac{1}{4}-\frac{1}{3}$　　② $\frac{11}{12}+\frac{5}{18}-\frac{2}{3}$

문제 2 다음 계산을 해 보세요.

① $8\frac{8}{9}-1\frac{2}{9}-5\frac{4}{9}$　　② $10\frac{11}{12}-5\frac{7}{12}-1\frac{1}{12}$

★ 이번에는 이상한 모양의 분수를 이용하는 계산입니다.

$5\frac{1}{7}-1\frac{3}{7}-2\frac{6}{7}$을 계산해 보세요.

$5\frac{1}{7}=4\frac{1}{7}+1=4\frac{1}{7}+\frac{7}{7}=4\frac{8}{7}$입니다.

이것을 이용해 문제를 풀어볼까요?

$$5\frac{1}{7}-1\frac{3}{7}-2\frac{6}{7}$$

$$=4\frac{8}{7}-1\frac{3}{7}-2\frac{6}{7}$$

……또 뺄 수가 없습니다.

계속 뺄셈이 안 될 때는 다시 한 번 정리합니다.

$$4\frac{8}{7}=3\frac{8}{7}+1=3\frac{8}{7}+\frac{7}{7}=3\frac{15}{7}$$

이것을 이용하면,

$$5\frac{1}{7}-1\frac{3}{7}-2\frac{6}{7}=4\frac{8}{7}-1\frac{3}{7}-2\frac{6}{7}$$

$$=3\frac{15}{7}-1\frac{3}{7}-2\frac{6}{7}$$

$$=\frac{6}{7}$$

예제 $6\frac{1}{8}-2\frac{1}{2}-1\frac{3}{4}$을 계산해 보세요.

$$6\frac{1}{8}-2\frac{1}{2}-1\frac{3}{4}=6\frac{1}{8}-2\frac{4}{8}-1\frac{6}{8}$$ ← 통분

$$=5\frac{9}{8}-2\frac{4}{8}-1\frac{6}{8}$$ ← 이상한 분수로 고친다.

$$=4\frac{17}{8}-2\frac{4}{8}-1\frac{6}{8}$$ ← 한 번 더 이상한 분수로 고친다.

$$=1\frac{7}{8}$$

문제 1 다음 계산을 해 보세요.

① $4\frac{1}{4}-2\frac{3}{4}-1\frac{1}{4}$　　② $5\frac{1}{17}-2\frac{5}{17}-1\frac{12}{17}$

문제 2 다음 계산을 해 보세요.

① $5\frac{11}{15}-2\frac{3}{5}+1\frac{1}{10}$　　② $8\frac{2}{13}-5\frac{15}{26}-\frac{3}{39}$

분수의 덧셈과 뺄셈은
이것으로 끝~!

드디어 분수의
곱셈과 나눗셈이다~!
분수도
곱셈과 나눗셈이
있어요?
?
이제 분수의 기본은
모두 알게 된 거야.
축하한다!
그럼 수학의 기본 중
절반은 알게 된 건가요?

고지가 바로 눈앞에…
그곳을 향해 빠샷 –!
4장
분수의 곱셈과 나눗셈
보나파르트 나폴레옹은
이렇게 말했지.
'수학의 진보와 개선은
국가의 번영을 좌우한다.'

분수의 곱셈 법칙

이제까지 분수의 덧셈과 뺄셈을 공부했습니다. 지금부터는 분수의 곱셈에 대해서 공부하겠습니다.

분수의 곱셈은 다음과 같은 의문을 풀 때 필요합니다.

'1ℓ에 $\frac{3}{4}$kg 나가는 밀가루가 있습니다. $\frac{1}{5}$ℓ면 몇 kg일까요?'

■ $\frac{3}{4} \times \frac{1}{5} = \frac{3 \times 1}{4 \times 5}$

$= \frac{3}{20}$

분자끼리의 곱셈은 다음과 같이 합니다.

$$분수 \times 분수 = \frac{분자 \times 분자}{분모 \times 분모}$$

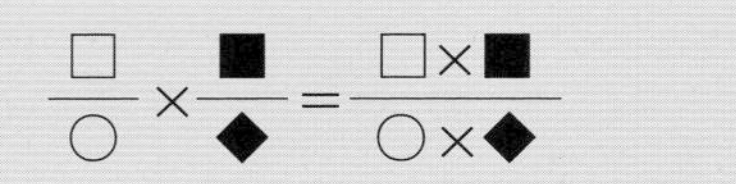

직사각형의 면적을 구하기 위해서는 곱셈을 이용합니다. 예를 들어 가로 3m, 세로 2m인 직사각형의 면적은 2m×3m=6㎡입니다.

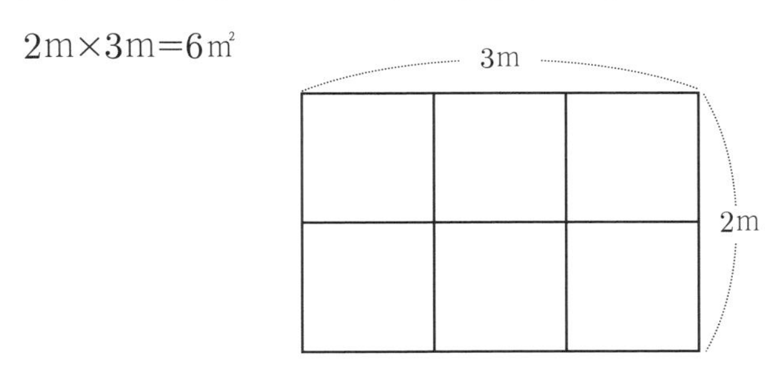

변의 길이를 분수로 나타낸 직사각형의 면적을 구할 때도 분수의 곱셈을 이용할 수 있는지 확인해 볼까요?

■ 세로 $\frac{1}{5}$m, 가로 $\frac{3}{4}$m인 직사각형의 면적을 구합니다.

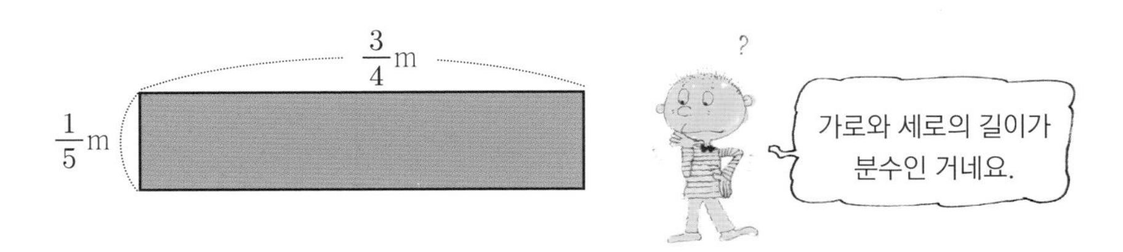

먼저 위의 직사각형을 3등분합니다.

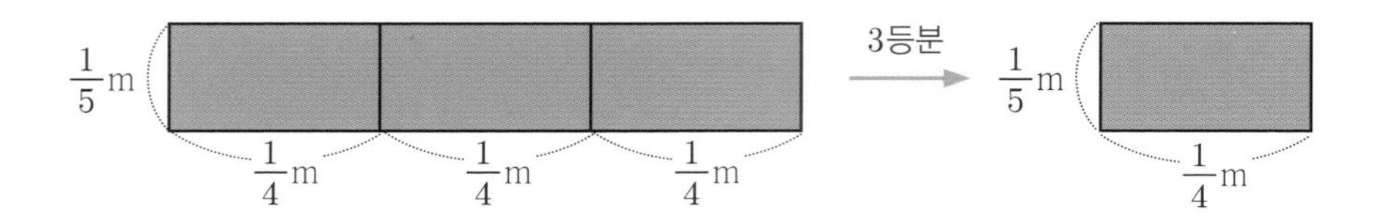

그리고 이것이 세로 5개, 가로4개, 즉 전부 $5\times4=20$개라면 가로도 세로도 1m인 정사각형이 됩니다. 물론 이 정사각형의 면적은 $1\text{m}\times1\text{m}=1\text{m}^2$입니다.

세로 $\frac{1}{5}$m, 가로 $\frac{1}{4}$m인 직사각형의 면적은, $1\text{m}\times1\text{m}=1\text{m}^2$를 (5×4)개로 나눈 1개이므로 $\frac{1}{20}\text{m}^2$입니다. 세로 $\frac{1}{5}$m, 가로 $\frac{3}{4}$m인 직사각형의 면적은 $\frac{1}{20}\text{m}^2$가 3개이므로,

$$\frac{1}{20}\text{m}^2+\frac{1}{20}\text{m}^2+\frac{1}{20}\text{m}^2=\frac{3}{20}\text{m}^2$$

이 문제를 분수의 곱셈을 이용해서 풀어보면,

직사각형의 면적=세로×가로

$$= \frac{1}{5}\text{m} \times \frac{3}{4}\text{m}$$

$$= \frac{1 \times 3}{5 \times 4}$$

$$= \frac{3}{20}\text{(답)}$$

그림을 그려서 확인한 것과 계산으로 구한 면적이 같습니다.

★ 가분수의 곱셈

가분수의 곱셈은 진분수의 곱셈과 같으므로, 분모와 분모, 분자와 분자를 곱합니다.

예제 $\frac{5}{3} \times \frac{1}{4}$을 계산해 보세요.

답

$$\frac{5}{3} \times \frac{1}{4} = \frac{5 \times 1}{3 \times 4} = \frac{5}{12}$$

문제 다음 계산을 해 보세요.

① $\frac{1}{3} \times \frac{1}{2}$　② $\frac{3}{4} \times \frac{3}{5}$　③ $\frac{3}{5} \times \frac{7}{2}$　④ $\frac{1}{6} \times \frac{5}{2}$

■ $\frac{2}{5}\times\frac{3}{2}$ 을 계산해 보세요.

$$\frac{2}{5}\times\frac{3}{2}=\frac{2\times3}{5\times2}$$ ← 분모와 분자에 각각 2를 곱하고 있다.

$$=\frac{6}{10}$$ ← 분모와 분자를 2로 나눈다.

$$=\frac{3}{5}$$

덧셈, 뺄셈과는 다르죠?

분수의 곱셈을 할 때는 '계산 중간에 약분할 수 있다면 약분'하는 것이 편리합니다.

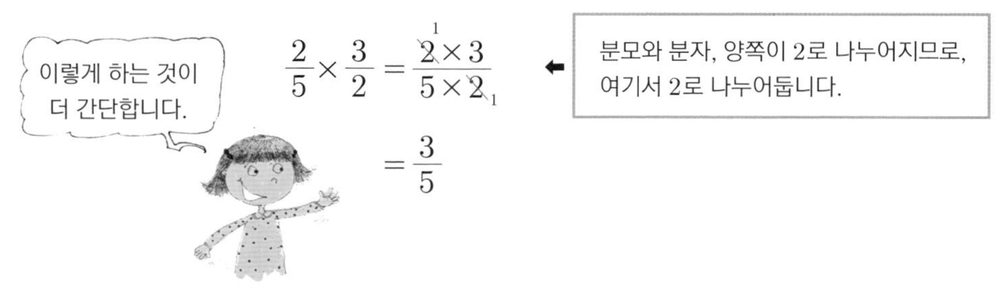

$$\frac{2}{5}\times\frac{3}{2}=\frac{\cancel{2}^{1}\times3}{5\times\cancel{2}_{1}}$$ ← 분모와 분자, 양쪽이 2로 나누어지므로, 여기서 2로 나누어둡니다.

$$=\frac{3}{5}$$

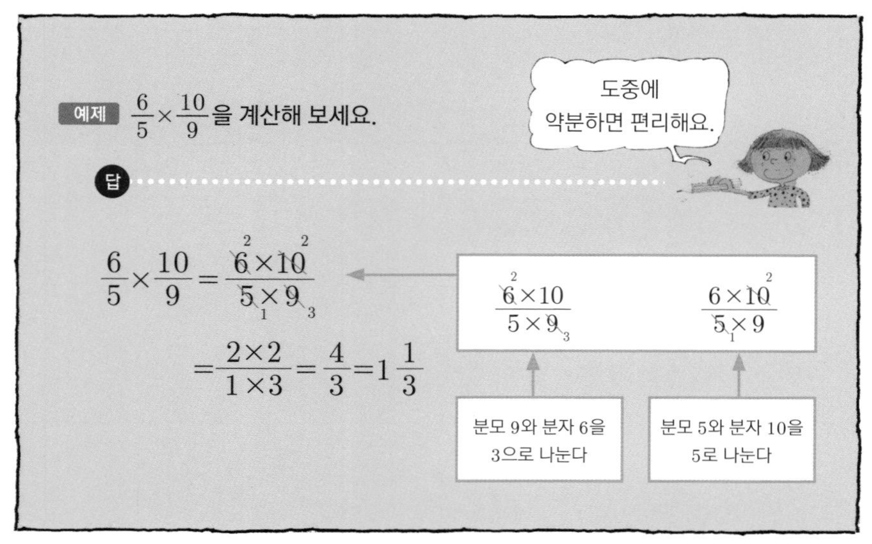

예제 $\frac{6}{5}\times\frac{10}{9}$을 계산해 보세요.

답

$$\frac{6}{5}\times\frac{10}{9}=\frac{\cancel{6}^{2}\times\cancel{10}^{2}}{\cancel{5}_{1}\times\cancel{9}_{3}}$$

$$=\frac{2\times2}{1\times3}=\frac{4}{3}=1\frac{1}{3}$$

$\frac{\cancel{6}^{2}\times10}{5\times\cancel{9}_{3}}$ ← 분모 9와 분자 6을 3으로 나눈다

$\frac{6\times\cancel{10}^{2}}{\cancel{5}_{1}\times9}$ ← 분모 5와 분자 10을 5로 나눈다

문제 1 $\frac{5}{4}\times\frac{2}{15}$ 을 계산했습니다. ( )안에 들어갈 수를 넣어 보세요.

이 이상은 약분
할 수 없어요.

$$\frac{5}{4}\times\frac{2}{15}=\frac{\overset{①(\ )}{\cancel{5}}\times\overset{②(\ )}{\cancel{2}}}{\underset{③(\ )}{\cancel{4}}\times\underset{④(\ )}{\cancel{15}}}=\frac{(\qquad)⑤}{(\qquad)⑥}$$

문제 2 다음 계산을 해 보세요.

① $\frac{2}{3}\times\frac{1}{2}$　　② $\frac{3}{4}\times\frac{2}{3}$

③ $\frac{5}{8}\times\frac{3}{20}$　　④ $\frac{5}{2}\times\frac{8}{15}$

★ **자연수×분수**

$2\times\frac{3}{4}$ 을 계산해 봅시다.

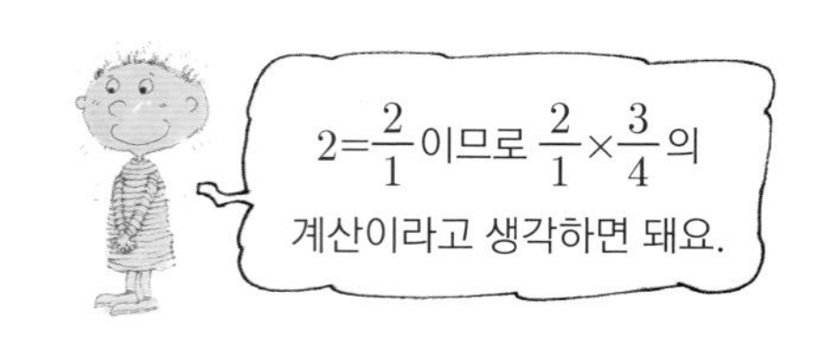

$$2\times\frac{3}{4}=\frac{2}{1}\times\frac{3}{4}$$

$$=\frac{\overset{1}{\cancel{2}}\times 3}{1\times\cancel{4}_{2}}$$

$$=\frac{3}{2}=1\frac{1}{2}$$

예제 $\frac{6}{5}\times 10$ **을 계산해 보세요.**

답

$$\frac{6}{5}\times 10=\frac{6}{5}\times\frac{10}{1}$$ ← 10을 $\frac{10}{1}$으로 고쳐서 곱셈

$$=\frac{6\times\overset{2}{\cancel{10}}}{\underset{1}{\cancel{5}}\times 1}$$ ← 약분한다

$$=\frac{12}{1}=12$$

이렇게 자연수×분수는, 분모는 그대로 두고 분자를 자연수와 곱하면 된다는 것을 알 수 있습니다. 익숙해지면 다음과 같이 자연수를 분수로 고치지 않고 계산할 수 있습니다.

$$\bigcirc\times\frac{\triangle}{\square}=\frac{\bigcirc\times\triangle}{\square}$$

그 이유는

$$\bigcirc\times\frac{\triangle}{\square}=\frac{\bigcirc\times\triangle}{1\times\square}=\frac{\bigcirc\times\triangle}{\square}$$

이기 때문입니다.

문제 다음 계산을 해 보세요.

① $3\times\frac{2}{3}$　　② $1\times\frac{3}{2}$

③ $\frac{5}{4}\times 8$　　④ $\frac{4}{7}\times 2$

★ 대분수×대분수의 계산

$3\frac{1}{5}\times 2\frac{3}{4}$을 계산해 봅시다.

대분수를 포함한 곱셈은 대분수를 가분수로 고쳐서 계산합니다.

$3\frac{1}{5}=\frac{16}{5}$, $2\frac{3}{4}=\frac{11}{4}$

가분수로 고치면 보통 분수의 곱셈이 됩니다.

$$3\frac{1}{5}\times2\frac{3}{4}=\frac{16}{5}\times\frac{11}{4}$$ ← 대분수를 가분수로 고쳐서 곱한다

$$=\frac{\overset{4}{\cancel{16}}\times11}{5\times\underset{1}{\cancel{4}}}$$ ← 약분한다

$$=\frac{44}{5}$$

$$=8\frac{4}{5}$$ ← 다시 대분수로 고친다

문제 **다음 계산을 해 보세요.**

① $2\frac{1}{6}\times3\frac{1}{13}$ ② $\frac{5}{3}\times1\frac{3}{2}$ ③ $1\frac{5}{8}\times4\frac{1}{2}$ ④ $2\frac{2}{3}\times\frac{1}{6}$

지금까지의 것을 정리하면,

분수의 곱셈은,

- 분자와 분자, 분모와 분모를 곱한다.
- 대분수는 가분수로 고쳐서 계산한다.

자연수끼리의 곱셈을 분수끼리의 곱셈이라고 생각할 수도 있습니다.

$$2\times3=\frac{2}{1}\times\frac{3}{1}$$
$$=\frac{2\times3}{1}$$
$$=\frac{6}{1}=6$$

세 분수의 곱셈

분수의 곱셈은 세 곱셈을 마지막으로 배우려고 합니다.

■ $\frac{2}{5}\times\frac{3}{2}\times\frac{15}{7}$ 를 계산해 볼까요?

모두 분자와 분자, 분모와 분모를 곱하면 됩니다.

세 곱셈뿐만 아니라 네 곱셈도 할 수 있어요.

$$\frac{2}{5}\times\frac{4}{3}\times\frac{15}{7}$$
$$=\frac{2\times4\times\cancel{15}^{\cancel{3}^{1}}}{\cancel{5}_{1}\times\cancel{3}_{1}\times7}$$
$$=\frac{8}{7}$$
$$=1\frac{1}{7}$$

분자의 15와 분모의 5를 5로 나눈다.

$$\frac{2\times4\times\cancel{15}^{3}}{\cancel{5}_{1}\times3\times7}$$

분자의 3과 분모의 3을 3으로 나눈다.

$$\frac{2\times4\times\cancel{3}^{1}}{5\times\cancel{3}_{1}\times7}$$

처음에 3, 다음에 5로 약분해도 된다.

$$\frac{\square}{\bigcirc}\times\frac{\blacksquare}{\blacklozenge}\times\frac{\bigstar}{\spadesuit}=\frac{\square\times\blacksquare\times\bigstar}{\bigcirc\times\blacklozenge\times\spadesuit}$$

이렇게 약분해요.

계속해서 $\frac{3}{2}\times\frac{1}{3}\times\frac{15}{4}$를 계산해 볼까요?

위에서 두 사람이 약분하는 방법은 다르지만 답은 같습니다. 이렇게 약분하는 방법이 여러 가지 있을 경우, 어떤 방법으로 해도 됩니다.

문제 1 다음 계산을 해 보세요.

① $\frac{3}{2}\times\frac{1}{12}\times\frac{15}{3}$　　② $\frac{5}{6}\times\frac{4}{7}\times\frac{1}{10}$

③ $\frac{7}{3}\times\frac{5}{2}\times\frac{9}{14}$　　④ $\frac{5}{8}\times\frac{3}{5}\times\frac{4}{3}$

문제 2 $\frac{5}{3}\times2\frac{1}{2}\times4\frac{2}{5}$의 계산을 다음 순서대로 답해 보세요.

(1) $2\frac{1}{2}$ 과 $4\frac{2}{5}$를 가분수로 고치세요.

(2) (1)의 결과를 가지고 $\frac{5}{3}\times2\frac{1}{2}\times4\frac{2}{5}$을 계산하세요.

문제 3 다음 계산을 해 보세요.

① $1\frac{1}{4}\times2\frac{1}{3}\times\frac{1}{5}$　　② $2\frac{1}{2}\times1\frac{3}{8}\times3\frac{3}{4}$

③ $\frac{1}{3}\times\frac{4}{15}\times\frac{3}{7}\times\frac{5}{8}$　　④ $1\frac{1}{5}\times3\frac{3}{4}\times\frac{2}{7}\times5\frac{3}{8}$

분수의 곱셈에 대해서는
잘 알겠어요.

이제부터는 분수의
나눗셈을 배울 차례~!

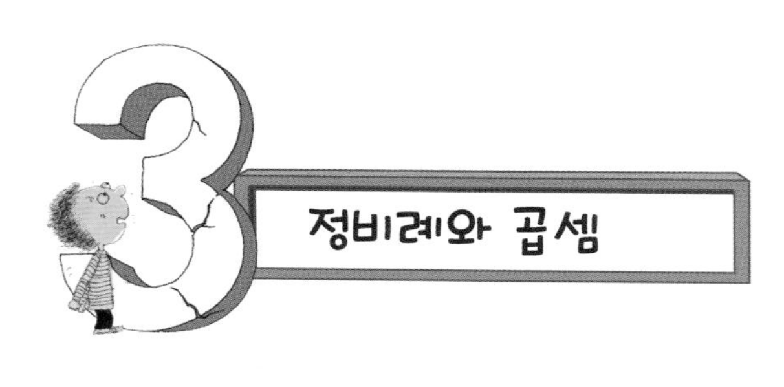

3 정비례와 곱셈

부피가 1ℓ이고 무게가 2kg인 밀가루가 있습니다. 2ℓ라면 몇 kg입니까? 또한 3ℓ라면 몇 kg입니까?

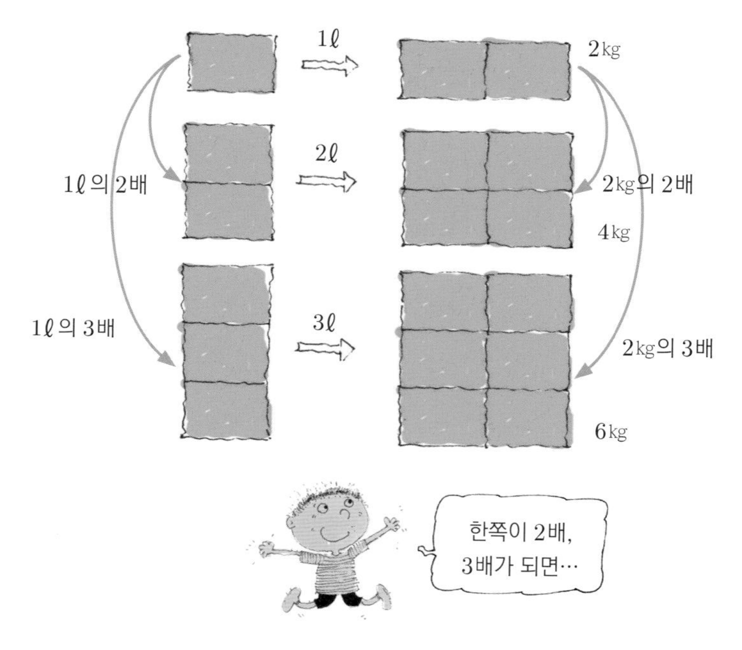

위의 그림에서 알 수 있듯이 밀가루의 부피가 2배, 3배 늘어남에 따라 무게도 2배, 3배 늘어납니다. 이때 부피와 무게는 비례(혹은 정비례)하다고 합니다.

분수의 곱셈은 비례 문제에 잘 이용됩니다. 이제부터 그것을 연습합시다.

■ 1ℓ에 2kg인 밀가루가 $\frac{2}{3}$ℓ 있다면 이것은 몇 kg일까요?

이 문제를 그림으로 생각하면 아래와 같습니다.

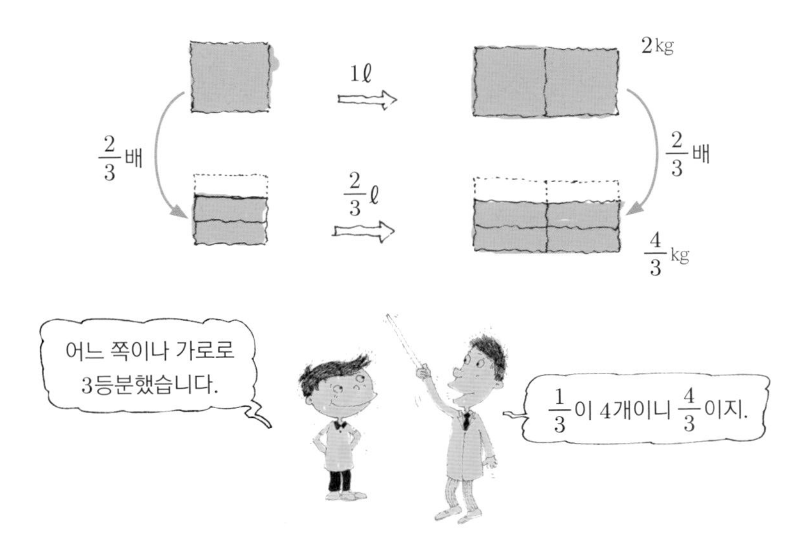

이것을 곱셈으로 계산하면 아래와 같습니다.

$$2\times\frac{2}{3}=\frac{2}{1}\times\frac{2}{3}$$
$$=\frac{2\times2}{1\times3}$$
$$=\frac{4}{3}=1\frac{1}{3}\ \text{(kg)}$$

$2\times\frac{2}{3}=\frac{2\times2}{3}$이라고 해도 된다.

그림으로 생각한 결과와 계산을 한 결과가 같습니다. 분수의 곱셈은 이럴 때 사용합니다.

1ℓ에 $\frac{3}{4}$kg의 설탕이 있습니다. $\frac{3}{2}$ℓ라면 몇 kg일까요?

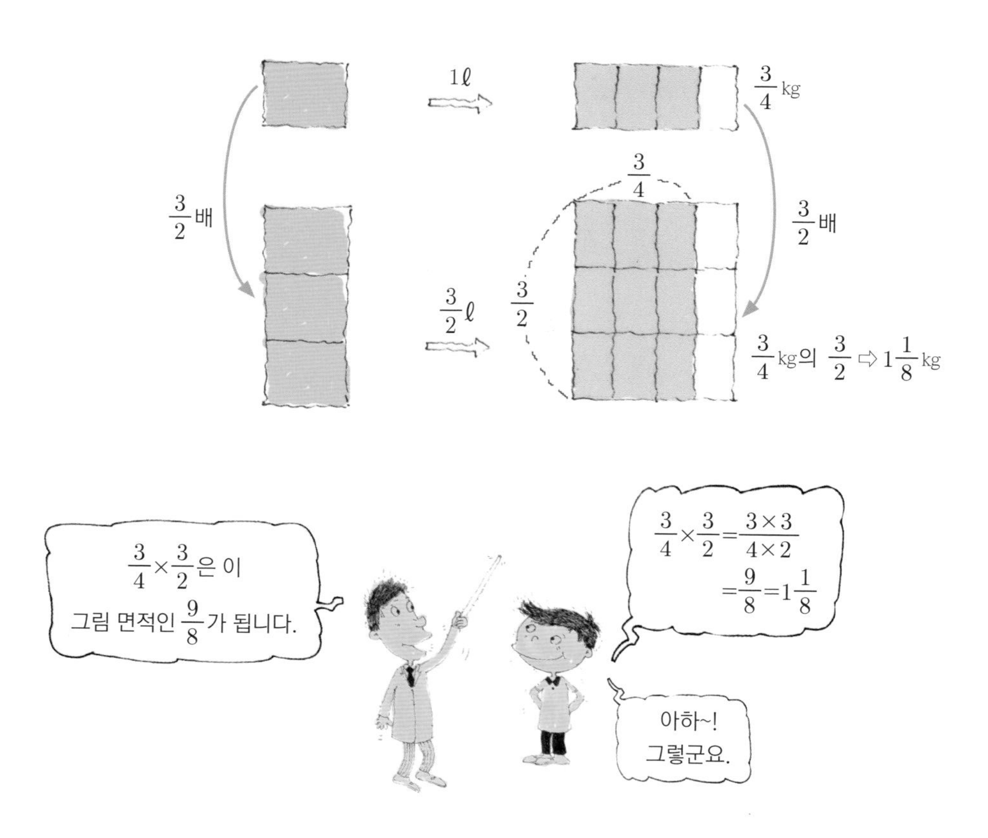

예제 1ℓ에 $\frac{1}{2}$kg의 밀가루가 있습니다. $2\frac{1}{3}\ell$라면 몇 kg일까요?

대분수도 똑같이
하면 된단다.

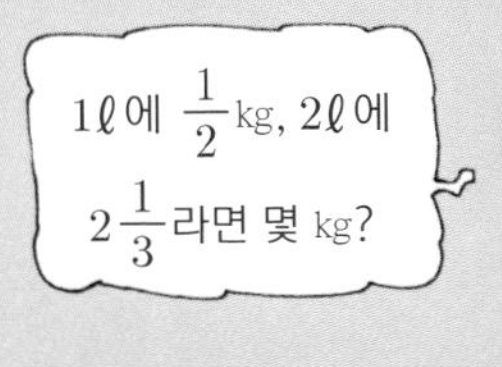

답

$$\frac{1}{2}\times2\frac{1}{3}=\frac{1}{2}\times\frac{7}{3}=\frac{1\times7}{2\times3}=\frac{7}{6}=1\frac{1}{6}$$

문제 1ℓ에 $\frac{3}{4}$kg의 설탕이 있습니다. $\frac{1}{2}\ell$라면 몇 kg일까요? 또한 $3\frac{3}{4}\ell$라면 몇 kg일까요?

$\frac{3}{4}$이란 1을 같은 크기 4로 나눈 것 중 3개를 말합니다.

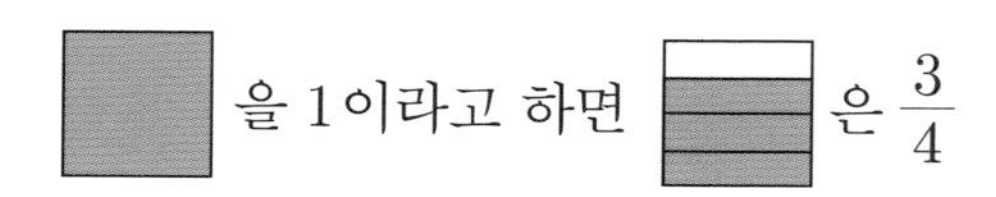

그런데 $\frac{3}{4}$은 '……의 $\frac{3}{4}$' 이라는 식으로 많이 사용합니다. 예를 들어 '빵 2장의 $\frac{3}{4}$' 이라고 하면 빵 2장을 같은 크기 4개로 나눈 것 중 3개라는 것입니다.

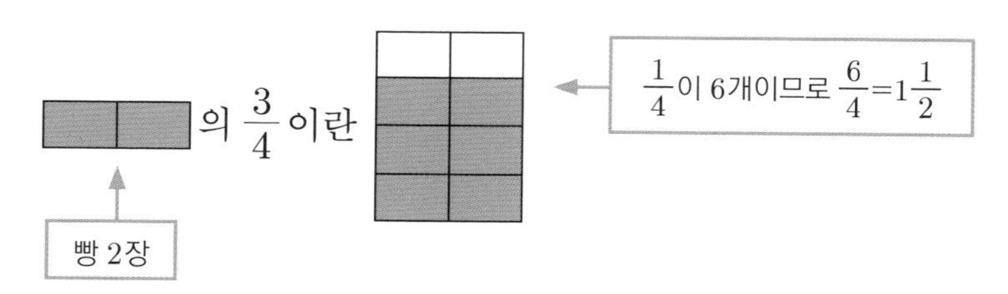

빵 반 개$\left(\frac{1}{2}\right)$의 $\frac{2}{3}$란 다음과 같습니다.

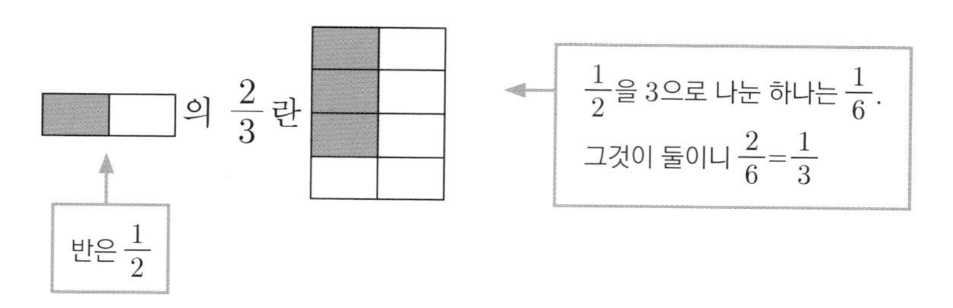

○의 $\frac{\triangle}{\square}$ 란 ○을 같은 크기 □개로 나눈 것 중 △개를 합한 것입니다. 그렇다면 그 크기를 계산할 때는 어떻게 해야 할까요?

예를 들어 3의 $\frac{1}{2}$ 이란 3을 같은 크기 2개로 나누고 그중 1개를 말하는 것이므로, 그 크기를 그림으로 나타내면 다음과 같습니다.

3의 $\frac{1}{2}$ 은 $3\times\frac{1}{2}$ 의 답과 같습니다.

$\frac{3}{2}$ 의 $\frac{3}{5}$ 이란 $\frac{3}{2}$ 을 같은 크기 5개로 나누고 그중 3개를 합한 것입니다. 그림과 식으로 나타내면 아래와 같습니다.

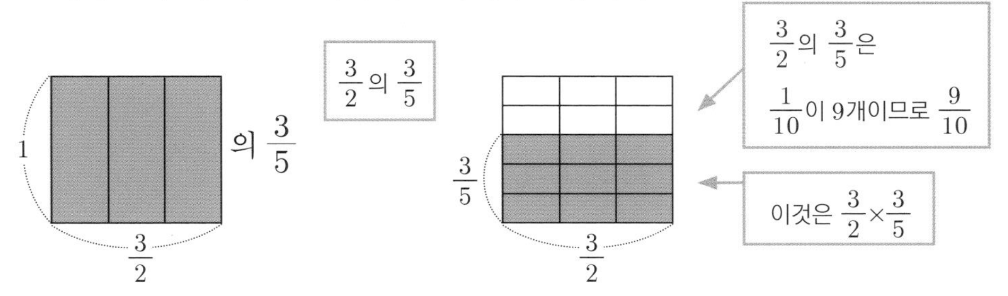

이처럼

$\frac{\bigcirc}{\square}$ 의 $\frac{\bigstar}{\triangle}$ 는 $\frac{\bigcirc}{\square}\times\frac{\bigstar}{\triangle}$ 를 계산하면 됩니다.

예 4의 $\frac{2}{3}$는 $\frac{4}{1}\times\frac{2}{3}=\frac{8}{3}$

4는 $\frac{4}{1}$로 계산한다.

10의 $\frac{1}{3}$은 $10\times\frac{1}{3}=\frac{10}{3}$

2의 $\frac{1}{2}$은 $2\times\frac{1}{2}=1$

$\frac{3}{5}$의 $\frac{1}{7}$은 $\frac{3}{5}\times\frac{1}{7}=\frac{3}{35}$

$\frac{3}{10}$의 $\frac{2}{9}$는 $\frac{3}{10}\times\frac{2}{9}=\frac{1}{15}$

예제 사과가 1개 100원입니다. 귤 1개의 가격은 사과 1개 가격의 $\frac{1}{5}$입니다. 그렇다면 귤 1개의 가격은 얼마일까요?

답

$$100\times\frac{1}{5}=\frac{100}{1}\times\frac{1}{5}$$
$$=\frac{100\times1}{1\times5}$$
$$=\frac{20}{1}$$
$$=20\text{(원)}$$

문제 언니의 키는 150㎝입니다. 여동생의 키는 언니 키의 $\frac{9}{10}$입니다. 여동생의 키는 몇 ㎝일까요?

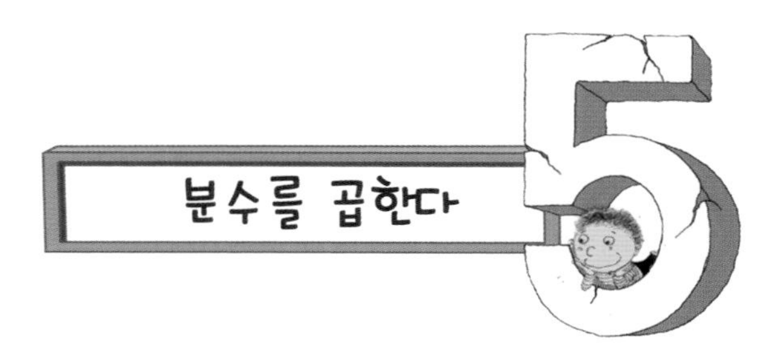

혹시 여러분은 곱셈을 하면 답은 원래의 수보다 커진다고 생각하셨나요? 그런데 꼭 그렇지는 않습니다. 과연 그럴지 확인해 볼까요?

□×2는 □를 2개 합한 것입니다.

 $\times 2 =$

□×1은 □이므로 변하지 않습니다.

 $\times 1 =$

□×$\frac{1}{3}$은 □의 $\frac{1}{3}$과 같으므로, □를 같은 크기 3개로 나눈 것 중 1개입니다. 그래서 $\frac{1}{3}$을 곱한 답은 □보다 작아집니다.

 $\times \frac{1}{3} =$

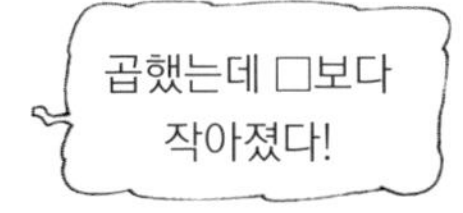

□×$\frac{2}{3}$는 □의 $\frac{2}{3}$와 같으므로 □를 같은 크기 3개로 나눈 것 중 2개입니다. 그래서 $\frac{2}{3}$를 곱한 답도 □보다 작아집니다.

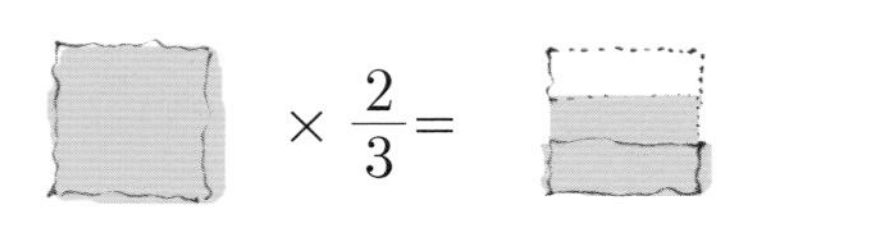

□$\times \frac{4}{3}$는 □의 $\frac{4}{3}$와 같으므로 □를 같은 크기 3개로 나눈 것 중 4개를 합한 것입니다. 그러므로 $\frac{4}{3}$를 곱한 답은 □보다 커집니다.

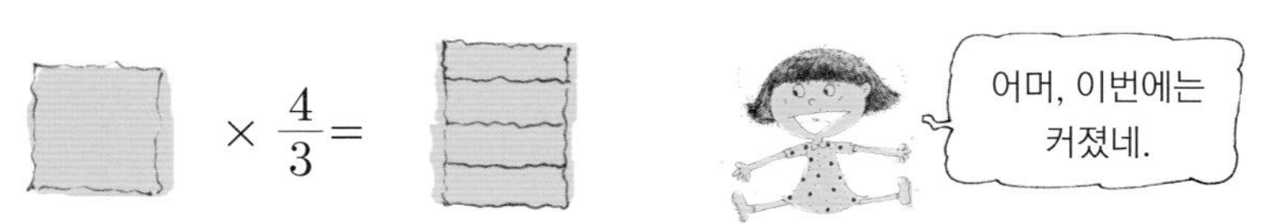

곱셈을 하면 어떻게 될지를 이번에는 ○로 봅시다.

이번에는 ○로
살펴보자.

예 1

○ $\times 2 =$ ○ ○

○ $\times 1 =$ ○

○×2는 ○이 2개

○ $\times \frac{1}{3} =$

○ $\times \frac{2}{3} =$

1보다 큰 수를 곱하면
커지는 것 같아요.

○ $\times \frac{4}{3} =$

$\times \frac{2}{3}$

$=$

이처럼 수모형으로
생각해도 된단다.

예 2

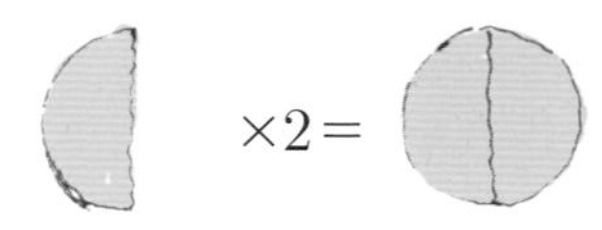

$\times\frac{2}{3}=$

$\times 1=$

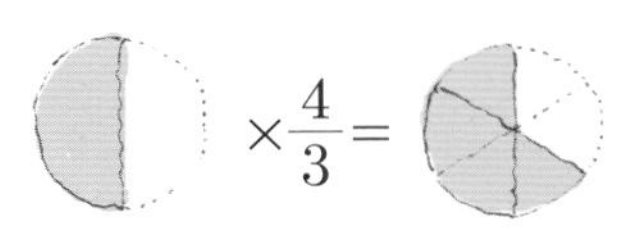

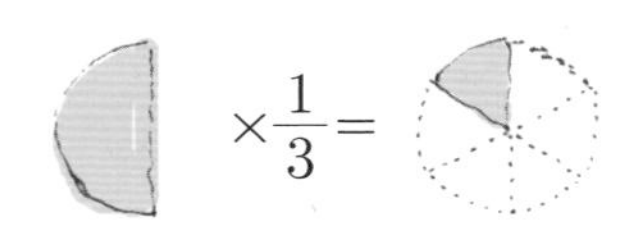

지금까지의 예를 살펴보면 다음을 알 수 있습니다.

처음의 수에,

(1) 1보다 큰 수를 곱하면 처음의 수보다 커진다

(2) 1을 곱하면 처음의 수는 변하지 않는다.

(3) 1보다 작은 수를 곱하면 처음의 수보다 작아진다.

문제 다음 곱셈을 해 보세요. 또한 곱하는 수를 보고 그 답이 커지는지, 작아지는지 말해 보세요.

① $3\times\frac{1}{2}$　　② $13\times2\frac{1}{5}$　　③ $\frac{3}{8}\times\frac{2}{7}$

이상한 선물

두 형제에게 이상한 선물이 전달되었습니다. 상자를 열어 보니 귀여운 강아지 3마리와 1통의 편지가 들어 있었는데, 그 내용은 다음과 같습니다.

> 형에게는 3마리 강아지의 $\frac{1}{2}$을,
> 동생에게는 3마리 강아지의 $\frac{1}{4}$을 드립니다.

두 사람은 계산을 했습니다.

형은…… 3마리의 $\frac{1}{2}$은 $3\times\frac{1}{2}=\frac{3}{2}=1\frac{1}{2}$ → 1마리와 반.

동생…… 3마리의 $\frac{1}{4}$은 $3\times\frac{1}{4}=\frac{3}{4}$ → $\frac{3}{4}$마리

그래서 두 사람은 옆집에서 강아지 한 마리를 빌려왔습니다. 이제 모두 4마리가 되어 편지에 있는 대로 나눌 수가 있습니다.

형은…… 4마리의 $\frac{1}{2}$은 $4\times\frac{1}{2}=\frac{4}{2}=2$ → 2마리

동생…… 4마리의 $\frac{1}{4}$은 $4\times\frac{1}{4}=\frac{4}{4}=1$ → 1마리

모두 3마리이므로 빌려온 1마리는 옆집으로 돌려주었습니다.(이유는 $\frac{1}{2}+\frac{1}{4}=\frac{3}{4}$으로, 1보다 작기 때문에 가능했습니다.)

분수의 나눗셈

지금까지 덧셈, 뺄셈, 곱셈을 배웠으니 이제 나눗셈입니다.

$\frac{1}{3} \div \frac{4}{5}$ 의 계산은 다음과 같이 하는 것이 규칙입니다.

$$\frac{1}{3} \div \frac{4}{5} = \frac{1}{3} \times \frac{5}{4} = \frac{1 \times 5}{3 \times 4} = \frac{5}{12}$$

즉, $\frac{1}{3} \div \frac{4}{5}$ 는 $\frac{1}{3} \times \frac{5}{4}$ 와 같습니다.

분수의 나눗셈은 나누는 수의 분모와 분자를 바꾼 분수를 곱합니다.

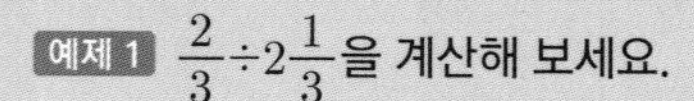

예제 1 $\frac{2}{3} \div 2\frac{1}{3}$을 계산해 보세요.

답

$$\frac{2}{3} \div 2\frac{1}{3} = \frac{2}{3} \div \frac{7}{3}$$
$$= \frac{2}{3} \times \frac{3}{7}$$
$$= \frac{2 \times \overset{1}{\cancel{3}}}{\underset{1}{\cancel{3}} \times 7} = \frac{2}{7}$$

예제 2 $1\frac{3}{4} \div 2$를 계산해 보세요.

답

$$1\frac{3}{4} \div 2 = \frac{7}{4} \div \frac{2}{1}$$
$$= \frac{7}{4} \times \frac{1}{2}$$
$$= \frac{7 \times 1}{4 \times 2} = \frac{7}{8}$$

문제 1 다음 계산을 해 보세요.

① $\frac{2}{3} \div \frac{1}{2}$　② $\frac{3}{4} \div \frac{1}{2}$　③ $2\frac{1}{2} \div \frac{2}{3}$　④ $1\frac{5}{6} \div 2\frac{2}{3}$

문제 2 다음 계산을 해 보세요.

① $\frac{2}{3} \div 2$　② $\frac{5}{3} \div 3$

자연수의 나눗셈과 분수

2÷3과 같은 나눗셈의 답을 0, 1, 2, ……와 같은 자연수만을 쓰면 0 나머지 2로 답할 수밖에 없습니다. 그런데 분수를 이용하면 나머지 없이 답할 수 있습니다.

2÷3을 할 때 분수의 나눗셈을이용하면 다음과 같습니다.

$$2\div3=\frac{2}{1}\div\frac{3}{1}=\frac{2}{1}\times\frac{1}{3}=\frac{2\times1}{1\times3}=\frac{2}{3}$$

자연수끼리의 나눗셈은 $\bigcirc\div\square=\frac{\bigcirc}{\square}$ 로 계산하면 됩니다. 그 이유는,

$$\bigcirc\div\square=\frac{\bigcirc}{1}\div\frac{\square}{1}=\frac{\bigcirc}{1}\times\frac{1}{\square}=\frac{\bigcirc}{\square}$$

← 약분할 수 있을 때는 약분한다.

○나 □에 자연수를 넣어 보세요.

문제 다음 나눗셈의 답을 분수로 나타내 보세요.

① $2 \div 5$　　② $6 \div 3$　　③ $8 \div 6$

분수의 나눗셈을 이용하는 방법

○×3=6일 때, ○는 어떤 수일까요? 이럴 때는 다음과 같이 합니다.

○=6÷3

=2

2×3=6이므로
정확합니다.

그렇다면 $○\times\frac{4}{5}=\frac{1}{3}$일 때, ○는 어떤 수일까요?

$○=\frac{1}{3}\div\frac{4}{5}=\frac{1}{3}\times\frac{5}{4}$

$=\frac{1\times5}{3\times4}=\frac{5}{12}$

문제 다음의 ○는 어떤 수일까요?

① $○\times\frac{1}{3}=\frac{9}{4}$　　　　② $○\times4\frac{2}{3}=2\frac{5}{8}$

예제 5ℓ에 $6\frac{1}{4}$kg인 밀가루가 있습니다. 1ℓ면 몇 kg일까요?

답

1ℓ의 무게를 ○kg이라고 합니다. 그러면,

$○\times5=6\frac{1}{4}$

이므로, ○을 구하기 위해서는,

$$
\begin{aligned}
○&=6\frac{1}{4}\div5\\
&=\frac{25}{4}\times\frac{1}{5}\\
&=\frac{\overset{5}{\cancel{25}}\times1}{4\times\underset{1}{\cancel{5}}}\\
&=\frac{5}{4}\\
&=1\frac{1}{4}\ \text{(kg)}
\end{aligned}
$$

부피 1ℓ의 5배이므로
무게도 ○의 5배가 된단다.

문제 1 $\frac{3}{4}\ell$의 설탕물 속에 설탕이 $2\frac{3}{5}$g 녹아 있습니다. 같은 농도의 설탕물 1ℓ에 설탕은 몇 g녹아 있을까요?

문제 2 $3\frac{1}{2}\ell$의 우유를 열 사람이 같은 양으로 나누어 가지면, 한 사람당 몇 ℓ씩 가질 수 있을까요?

문제 3 세로가 $7\frac{3}{8}$m, 면적이 $3\frac{5}{18}$㎡인 직사각형이 있습니다. 가로의 길이를 구해 보세요.

소수는 또
뭐예요?
분수와 소수를
같이 배우는 이유가
있나요?
?
소수는 분수보다
더 편리하기 때문에
개념을 잘 이해하면…
그럼 분수 대신
이용할 수 있는
거예요?

5장
소 수
소수는 자연수가 아닌 거죠?
영점 얼마얼마라고 읽는 것부터 시작해 볼까?

소수

예로부터 사람들은 '0, 1, 2, 3, ……과 같이 자연수로 나타낼 수 없는 어정쩡한 수를 어떻게 나타내면 좋을까?' 고민해왔습니다. 서양 사람들이 생각한 것은 $\frac{1}{2}$이나 $\frac{1}{3}$과 같은, 우리가 이미 배운 여러 분수로 나타내는 것이었습니다.

한편 동양 사람들은 $\frac{1}{10}$이나 $\frac{23}{100}$처럼 분모가 10, 100, 1000, ……의 분수를 생각하고, 그런 수를 나타내는 방법을 생각했습니다. 이것이 지금부터 배울 **소수**입니다.

우리들이 사용하는 소수는 스코틀랜드의 네피아(1550~1617)라는 사람이 생각한 것입니다.

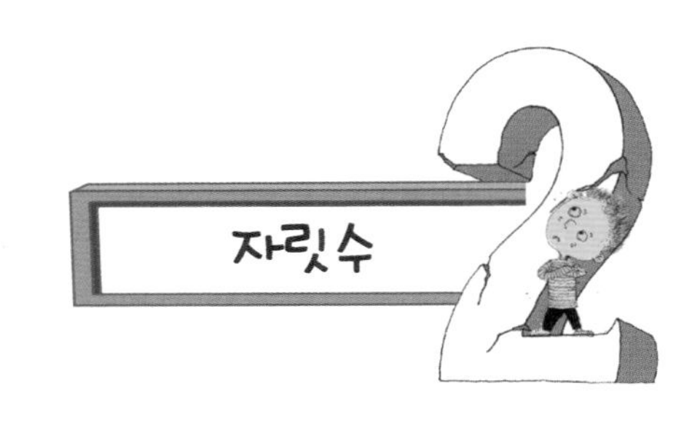

자릿수

소수를 배우기 위해서는 자릿수를 생각하는 것이 중요합니다. 먼저 자연수의 자릿수를 복습해 봅시다.

25라는 자연수의 자릿수를 생각해 보면 이것은 십의 자리가 2이고, 일의 자리가 5입니다. 이것은 십의 묶음 2개와 낱개 5개가 합해진 것을 의미합니다.

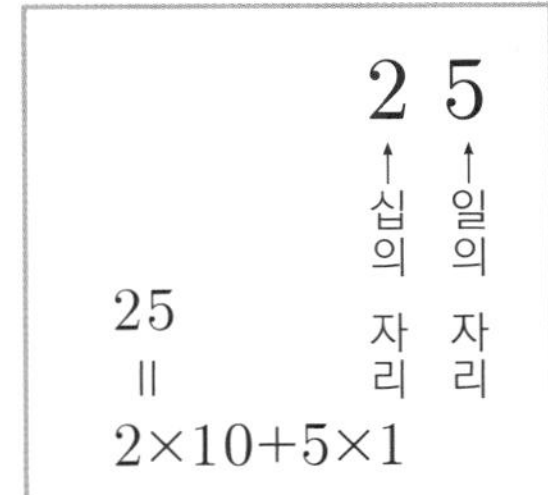

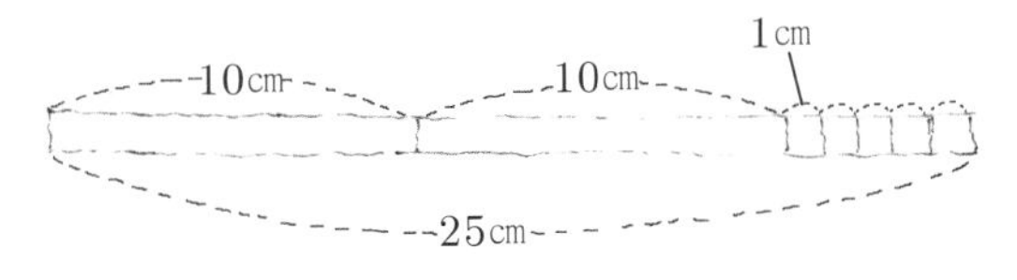

십의 자리의 2는
십의 묶음 2개,
일의 자리의 5는
낱개 5개를 뜻합니다.

문제 1 32는 십의 묶음이 몇 개이고 낱개가 몇 개입니까?

문제 2 450은 백의 묶음이 몇 개,
십의 묶음이 몇 개, 낱개가 몇 개입니까?

450의 일의
자리는 0

3 소수 첫째 자리까지 있는 소수

10이 2개, 1이 5개, $\frac{1}{10}$이 3개인 수를 25.3이라고 나타내고, '이십오 점 삼' 이라고 읽습니다.

이 점(.)을 **소수점**이라고 합니다. 또한 $\frac{1}{10}$의 자리를 **소수 첫째 자리**라고 합니다.

이처럼 소수점을 이용해서 나타내는 수를 **소수**라고 합니다.

예제 $\frac{1}{10}$을 7개 모아서 만든 수를 소수로 나타내 보세요.

답

1은 하나도 없으므로 일의 자리는 0.

$\frac{1}{10}$이 7개 있으므로 $\frac{1}{10}$의 자리는 7.

답은 0.7

문제 1

(1) 10이 3개, 1이 1개, $\frac{1}{10}$이 8개 모여서 만들어진 수를 소수로 나타내 보세요.

(2) 100이 3개, 10이 2개, $\frac{1}{10}$이 4개 모여서 만들어진 수를 소수로 나타내 보세요.

(3) 아래의 끈은 몇 ㎝입니까? 소수를 이용해서 답해 보세요.

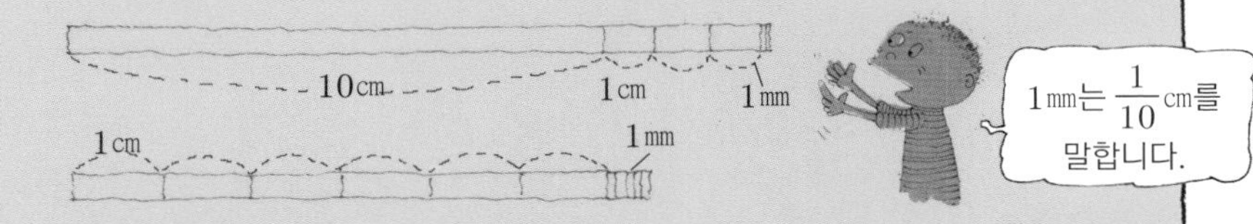

문제 2 다음 분수를 소수로 나타내 보세요.

① $2\frac{3}{10}$ ② $12\frac{5}{10}$ ③ $\frac{38}{10}$

여러 가지 소수

소수의 세계에서는 $\frac{1}{10}$의 자리보다 더 작은 자리도 생각할 수 있습니다.

$\frac{1}{100}$, $\frac{1}{1000}$, $\frac{1}{10000}$, …얼마든지 더 작은 자리의 수도 있답니다.

예를 들어 0.394는 $\frac{1}{10}$이 3개, $\frac{1}{100}$이 9개, $\frac{1}{1000}$이 4개 모인 수입니다.

0	.	3	9	4
↑	↑	↑	↑	↑
일의 자리	소수점	$\frac{1}{10}$의 자리(소수 첫째 자리)	$\frac{1}{100}$의 자리(소수 둘째 자리)	$\frac{1}{1000}$의 자리(소수 셋째 자리)

식으로 나타내면 다음과 같습니다.

그리고 이것을 통분해서 생각하면,

$$0.394=\frac{3}{10}+\frac{9}{100}+\frac{4}{1000}=\frac{394}{1000}$$

즉 $0.394=\frac{394}{1000}$라고 생각할 수 있습니다.

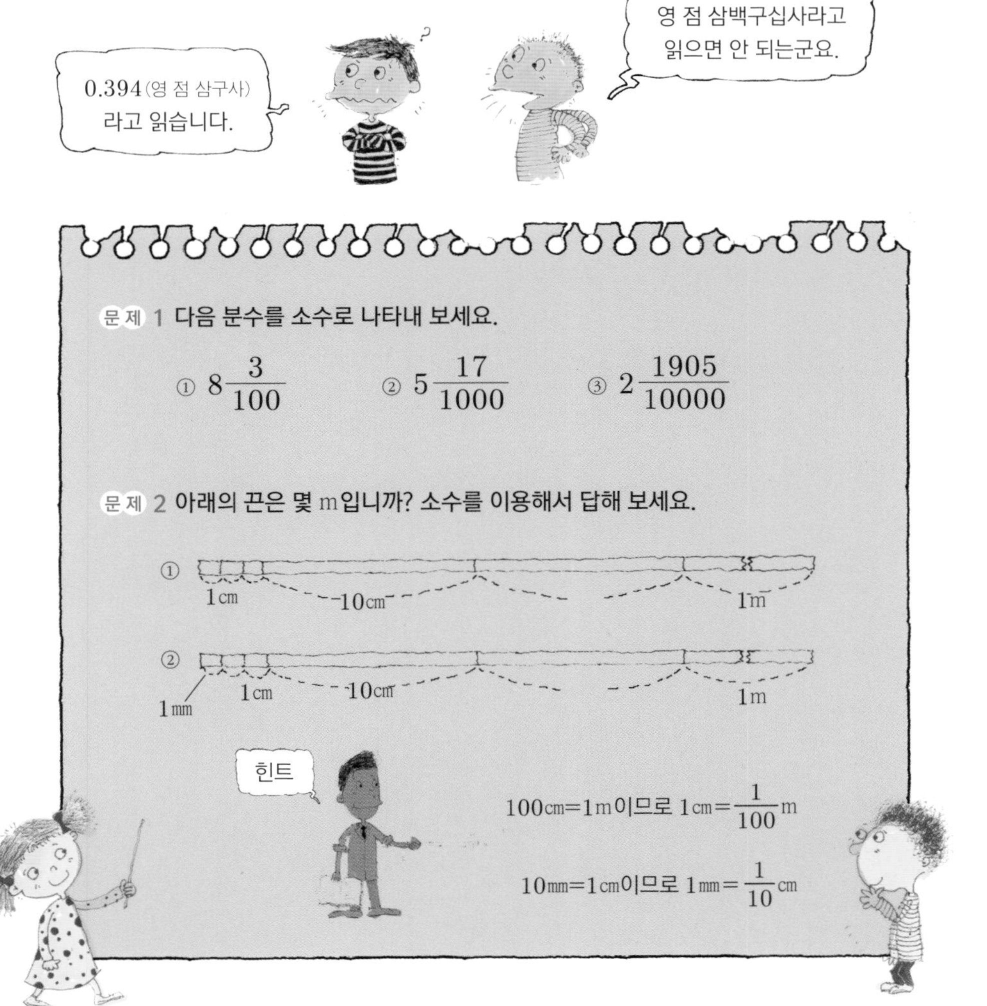

문제 1 다음 분수를 소수로 나타내 보세요.

① $8\frac{3}{100}$　② $5\frac{17}{1000}$　③ $2\frac{1905}{10000}$

문제 2 아래의 끈은 몇 m입니까? 소수를 이용해서 답해 보세요.

100㎝=1m이므로 1㎝=$\frac{1}{100}$m

10㎜=1㎝이므로 1㎜=$\frac{1}{10}$㎝

체크

0.2는 $\frac{1}{10}$을 2개 합한 것인데, $\frac{1}{100}$의 자리까지 생각하면, 0.2는 $\frac{1}{10}$을 2개, $\frac{1}{100}$을 0개 합한 것과 같습니다. 또한 $\frac{1}{1000}$의 자리까지 생각하면 0.2는 $\frac{1}{10}$을 2개, $\frac{1}{100}$을 0개, $\frac{1}{1000}$을 0개 합한 것과 같습니다.

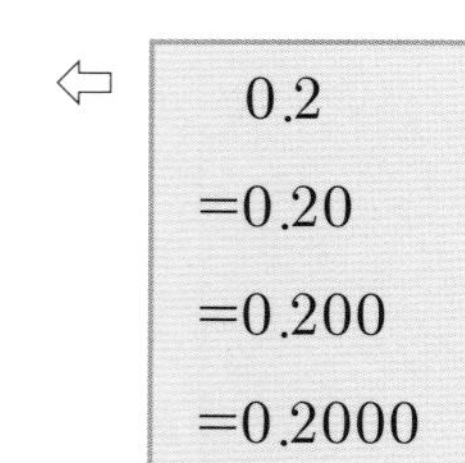

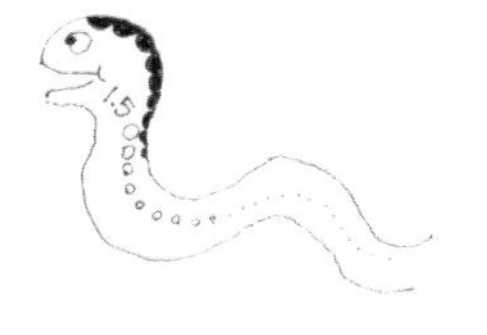

그러나 소수로 나타낼 때는, 작은 쪽으로 0이 이어지면 그 0은 쓰지 않습니다.

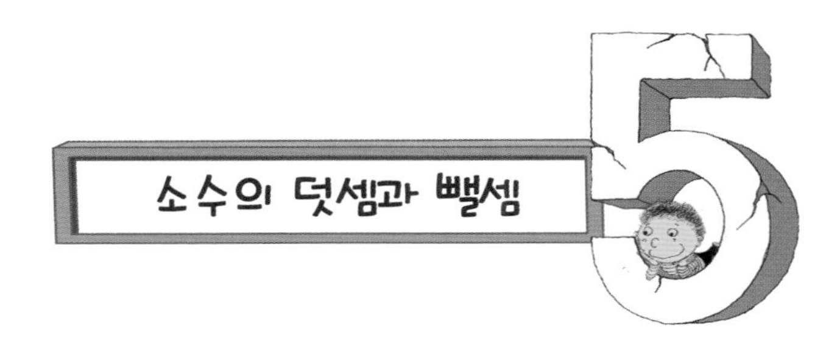

먼저 다음 문제를 살펴볼까요?

(1) 1.2m의 끈과 2.3m의 끈을 합하면 몇 m의 끈이 될까요?

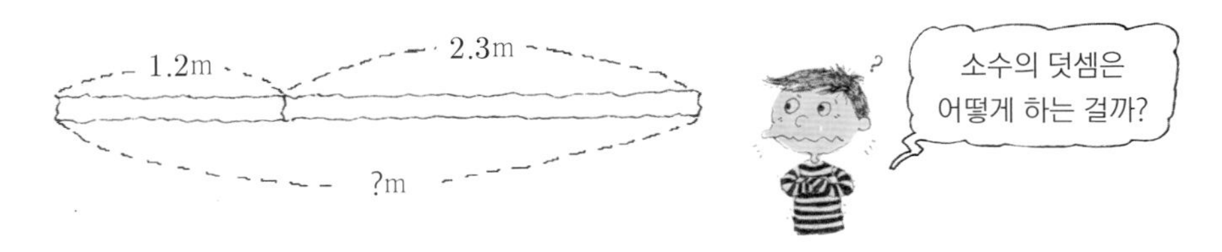

(2) 10.25m의 끈에서 3.12m를 잘라냈습니다. 남은 끈의 길이는 몇 m입니까?

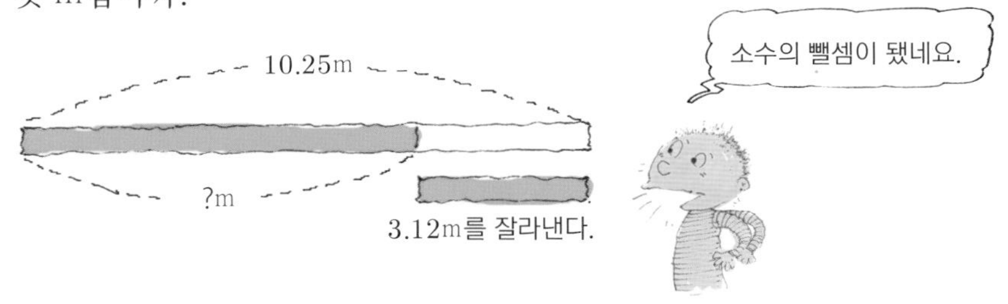

이런 문제는 소수의 덧셈이나 뺄셈을 이용해서 풉니다.

'소수를 이용한 덧셈이나 뺄셈은 소수점의 위치를 가지런히 한 다음 계산합니다.'

소수점의 위치를 가지런히 한 다음, 자연수의 덧셈이나 뺄셈과 똑같이 계산하면 됩니다.

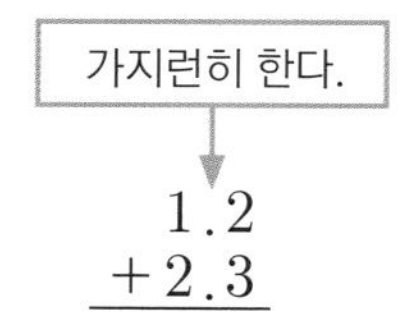

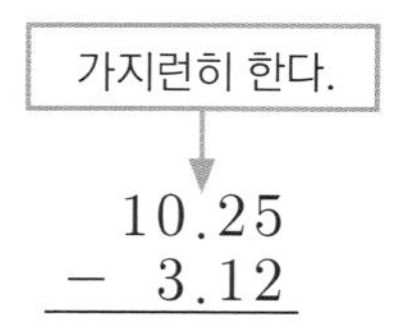

3.64+2.55를 계산해 보세요.

답

(1) 먼저 소수점의 위치를 가지런히 합니다.

(2) 자연수의 덧셈과 마찬가지로 자리가 작은 것부터 순서대로 더해갑니다. 받아올림이 있을 대도 자연수와 마찬가지로 계산합니다.

(3) 답에도 소수점을 잊지 않고 찍습니다.

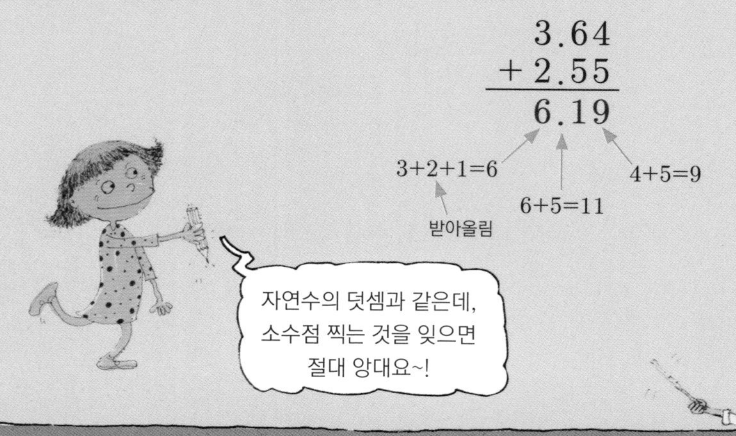

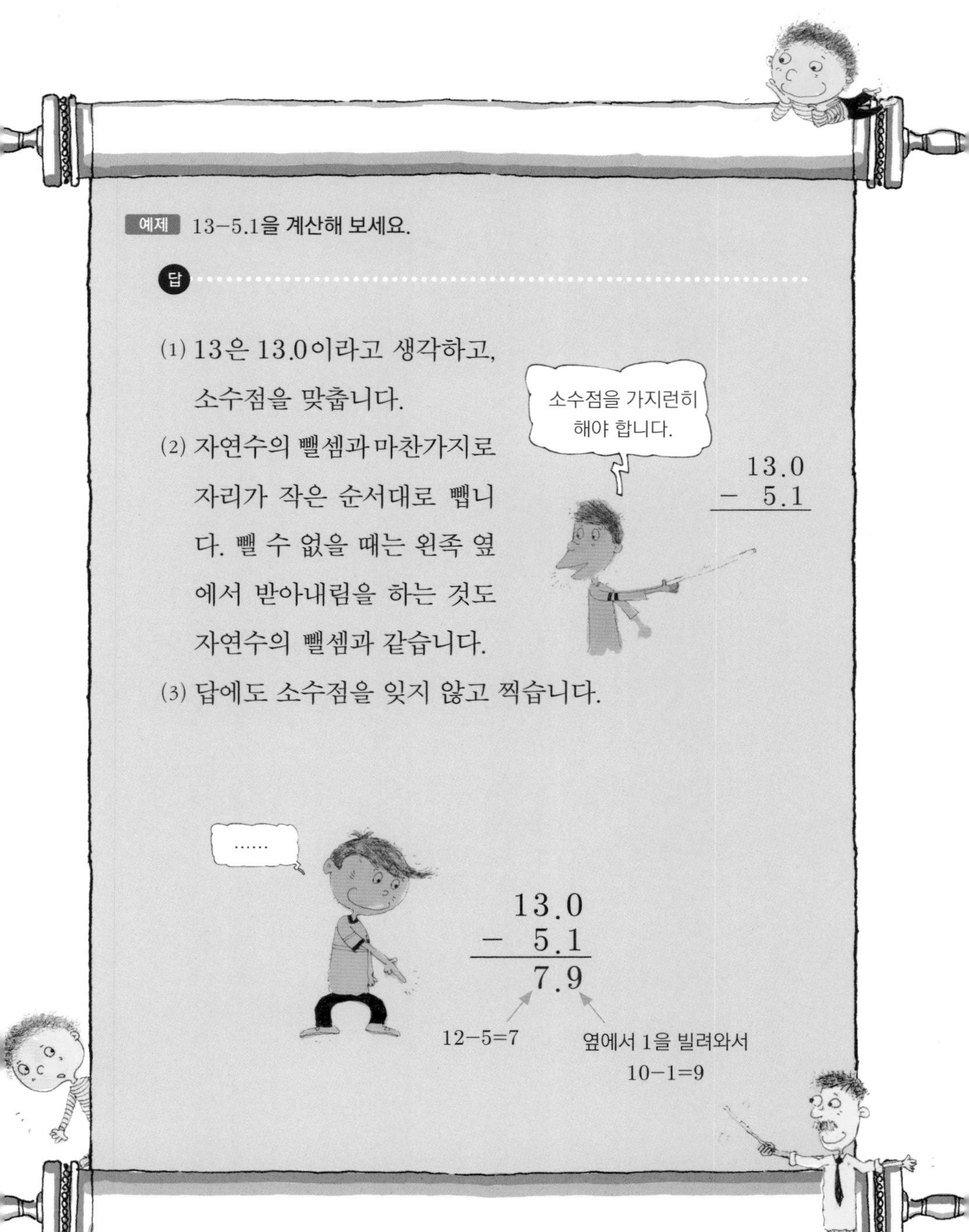

예제 13−5.1을 계산해 보세요.

답

(1) 13은 13.0이라고 생각하고, 소수점을 맞춥니다.

(2) 자연수의 뺄셈과 마찬가지로 자리가 작은 순서대로 뺍니다. 뺄 수 없을 때는 왼족 옆에서 받아내림을 하는 것도 자연수의 뺄셈과 같습니다.

(3) 답에도 소수점을 잊지 않고 찍습니다.

문제 1 다음 계산을 해 보세요.

① $\begin{array}{r} 2.35 \\ +\ 1.28 \\ \hline \end{array}$

② $\begin{array}{r} 10.31 \\ +\ \ 2.5 \\ \hline \end{array}$ ← 2.5는 2.50이라고 생각하면 된다.

③ 13.82+1.51

④ 5.86+4.33

⑤ 16.05+2 ← 2는 2.00이라고 생각하면 된다.

문제 2 135페이지의 (1)을 계산해 보세요.

문제 3 다음 계산을 해 보세요.

① $\begin{array}{r} 25.6 \\ -\ 11.3 \\ \hline \end{array}$

② $\begin{array}{r} 10.31 \\ -\ \ 2.5 \\ \hline \end{array}$ ← 2.5는 2.50이라고 생각하면 된다.

③ 15.39−4.81

④ 2.91−0.3

⑤ 12.63−5 ← 5는 5.00이라고 생각하면 된다.

문제 4 135페이지의 (2)를 계산해 보세요.

6 소수점 이동

소수에 10이나 100을 곱하면 소수점이 이동합니다. 어떻게 이동하는지 확인해 볼까요?

예를 들어 8.38에 10을 곱했을 때, 즉 8.38×10을 계산해 봅시다. 그림을 그리면 다음과 같습니다.

아래의 직사각형의 면적은 8.38×10(㎠)입니다.

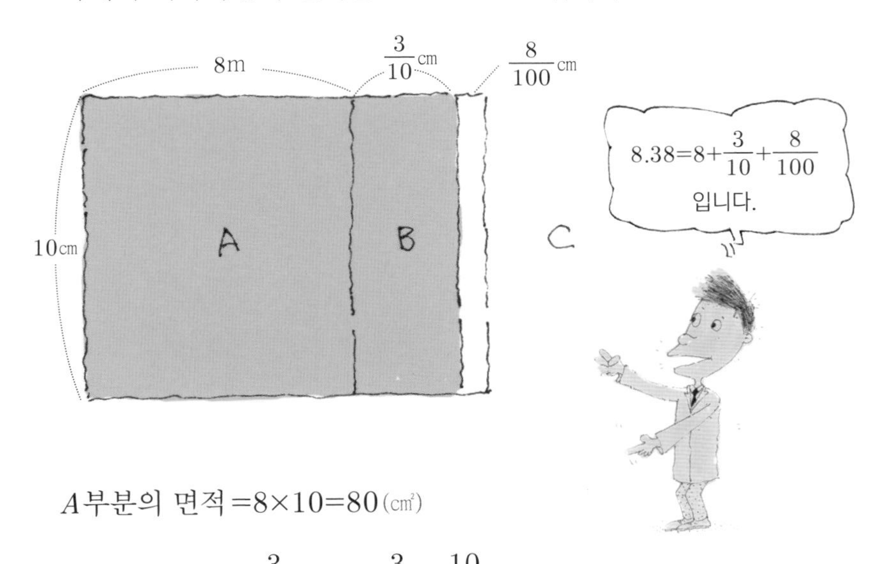

A부분의 면적 =8×10=80(㎠)

B부분의 면적$=\frac{3}{10}\times10=\frac{3}{10}\times\frac{10}{1}=3$(㎠)

C부분의 면적$=\frac{8}{100}\times10=\frac{8}{100}\times\frac{10}{1}=\frac{8}{10}$(㎠)

이것으로 $8.38 \times 10 = 80 + 3 + \frac{3}{10} = 83.8$이 된다는 것을 알았습니다.

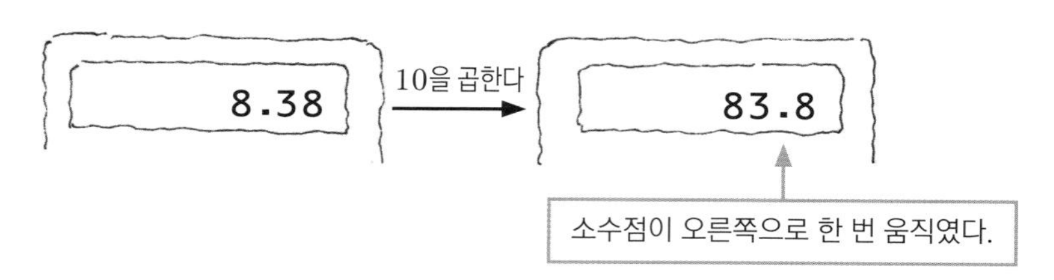

같은 8.38에 100이나 1000을 곱하면 다음과 같습니다.

$8.38 \times 10 = 83.8$

$8.38 \times 100 = 838$◌

$8.38 \times 1000 = 8380$◌

이렇게 '소수에 10이나 100이나 1000, ……을 곱하면, 소수점은 곱하는 수의 0의 수만큼 오른쪽으로 이동'한다는 사실을 알았습니다.

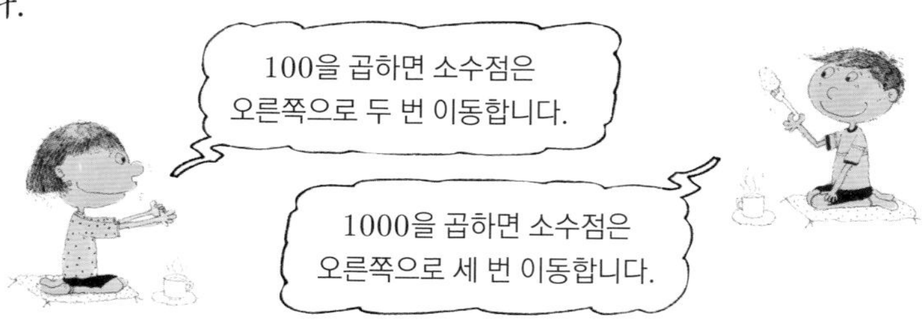

소수를 10, 100, 1000, ……으로 나누어도 소수점이 이동합니다. 그렇다면 $8.38 \div 10$은 얼마가 될까요?

8.38÷10=○이라고 하면, ○×10=8.38입니다. 10을 곱해서 소수점이 오른쪽으로 한 번 이동한 결과가 8.38이므로, ○의 소수점은 왼쪽으로 한 번 이동한 0.838입니다.

8.38÷10=0.838

마찬가지로 소수를 100, 1000으로 나누면 다음과 같습니다.

8.38÷10=0.838

8.38÷100=0.0838

8.38÷1000=0.00838

이렇게 소수를 10이나 100이나 1000, ……으로 나누면 소수점은 나누는 수의 0의 수만큼 왼쪽으로 이동한다는 사실을 알 수 있습니다.

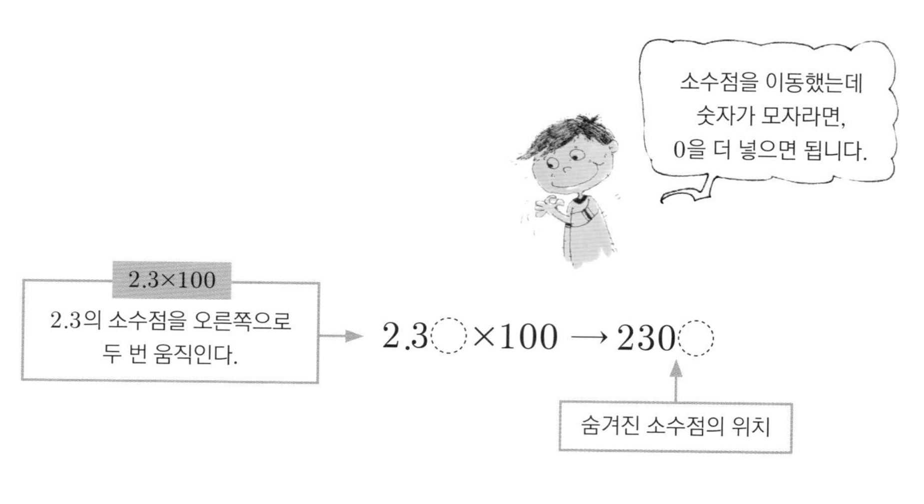

2.3÷100

3의 소수점을
왼쪽으로 두 번 움직인다

◌◌2.3×100 → 0.023

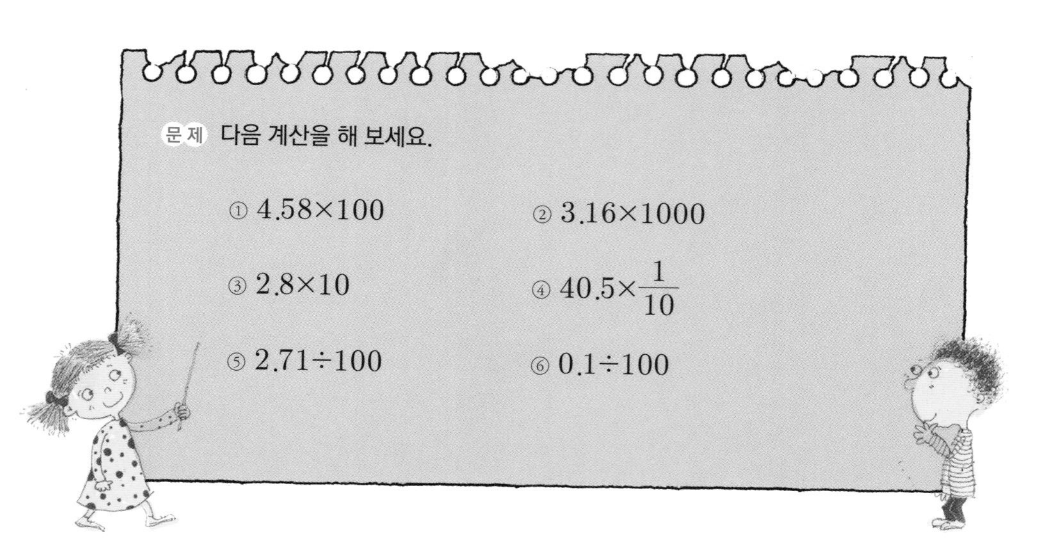

문제 다음 계산을 해 보세요.

① 4.58×100

② 3.16×1000

③ 2.8×10

④ $40.5\times\frac{1}{10}$

⑤ $2.71\div100$

⑥ $0.1\div100$

소수의 곱셈과 나눗셈

1분간에 4.56㎞ 달리는 특급열차는 2.3분 만에 몇 ㎞를 달릴까요?

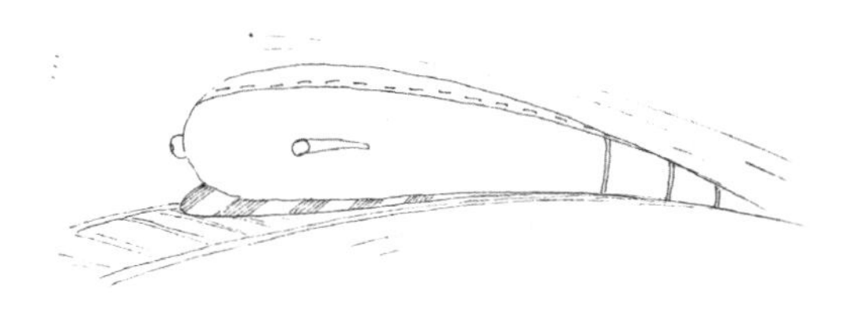

소수의 곱셈은 다음 예제와 같습니다.

예제 4.56×2.3의 계산을 해 보세요.

답

(1) 먼저 4.56과 2.3에 대해서 소수점이 없다고 생각하고, 자연수의 곱셈과 마찬가지로 계산합니다.

$$\begin{array}{r} 456 \\ \times\ \ 23 \\ \hline 1368 \\ 912\ \\ \hline 10488 \end{array}$$

○의 소수점은 일단 잊어버리자.

(2) 4.56과 2.3에 대해서 소수점의 오른쪽에 몇 개의 수가 있는지 셉니다. 4.56에는 5와 6 두 개, 2.3에는 3 하나. 그래서 합계 2+1=3으로, 세 개의 수가 소수점의 오른쪽에 있습니다.

(3) (1)의 계산의 답인 10488의 오른쪽부터 3번째의 수 왼쪽에 소수점을 찍습니다. 이것이 답입니다.

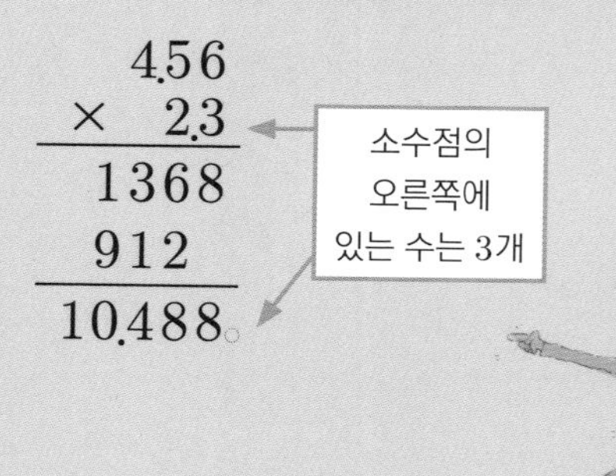

곱하는 두 수의 소수점 오른쪽에 있는 수의 합은, 답의 소수점 오른쪽에 있는 수의 개수와 같습니다.

소수의 곱셈을 이렇게 하는 이유는 다음과 같습니다.

$4.56=456\div100=\dfrac{456}{100}$, $2.3=23\div10=\dfrac{23}{10}$

그러므로 $4.56\times2.3=\dfrac{456}{100}\times\dfrac{23}{10}$

$$=\frac{456\times23}{100\times10}$$

$$=\frac{10488}{1000}$$

역시 456×23 답에서 소수점을 왼쪽으로 세 번 이동시키면 됩니다.

$$=10488\div1000=10.488$$

예제 1ℓ에 1.2kg인 식염수는 2.8ℓ의 경우 몇 kg입니까?

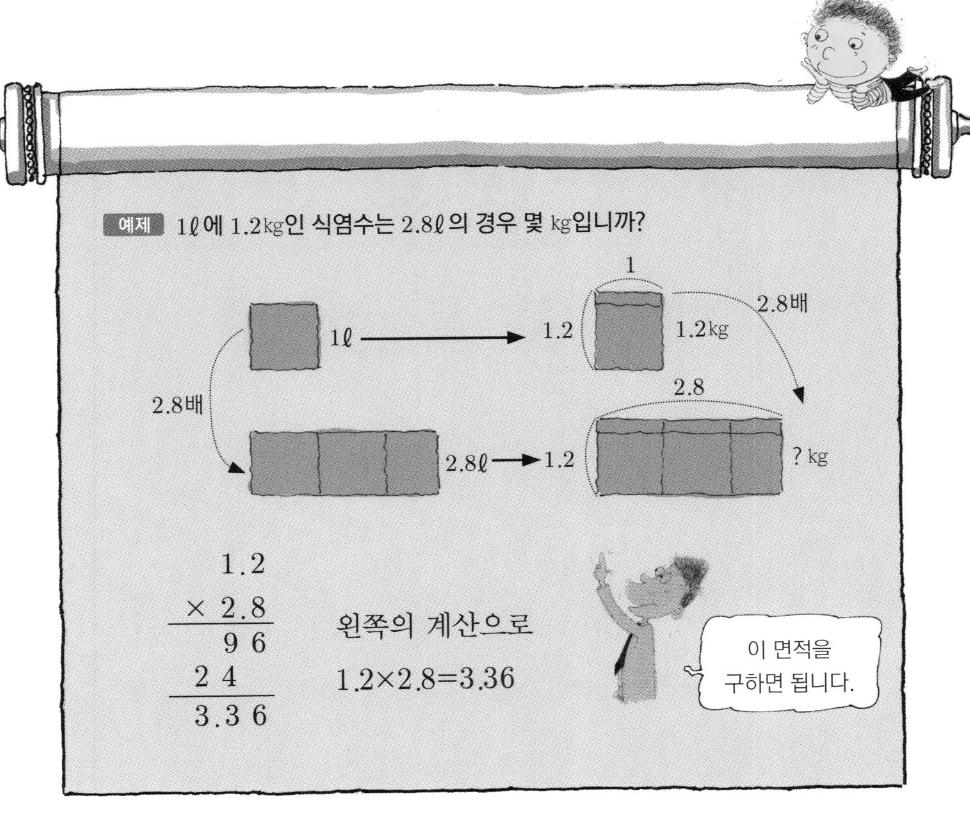

$$\begin{array}{r} 1.2 \\ \times\ 2.8 \\ \hline 96 \\ 24\ \ \\ \hline 3.36 \end{array}$$

왼쪽의 계산으로

$1.2 \times 2.8 = 3.36$

문제 1 다음 계산을 해 보세요.

① $\begin{array}{r} 2.5 \\ \times\ 3.6 \\ \hline \end{array}$ ② $\begin{array}{r} 3.41 \\ \times\ \ 0.5 \\ \hline \end{array}$ ③ $\begin{array}{r} 4.6 \\ \times\ 0.2 \\ \hline \end{array}$

④ 3.56×2.3 ⑤ 0.05×30

문제 2 (1) 1ℓ에 1.1kg인 밀가루는 5.32ℓ의 경우 몇 kg일까요?

(2) 세로 3.8m, 가로 15.2m의 직사각형의 면적은 몇 ㎡일까요?

★ 소수의 나눗셈

아래의 예제를 보면서 소수의 나눗셈을 생각해 봅시다.

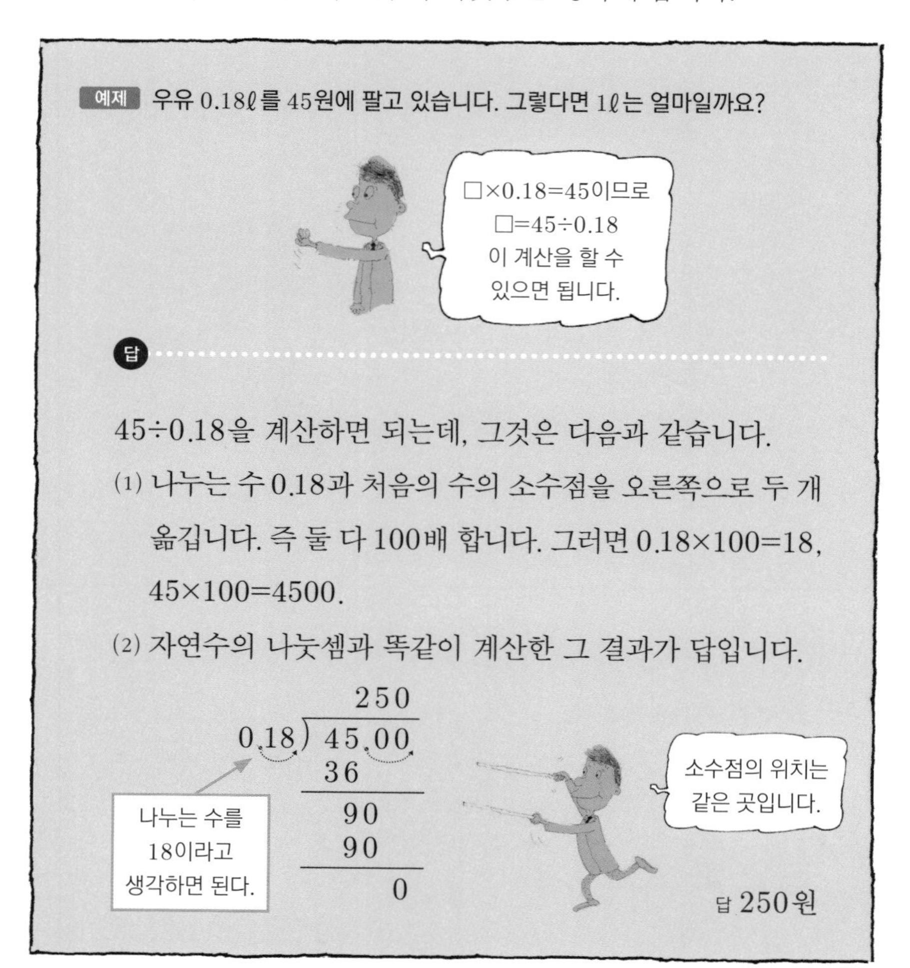

예제 우유 0.18ℓ를 45원에 팔고 있습니다. 그렇다면 1ℓ는 얼마일까요?

답

45÷0.18을 계산하면 되는데, 그것은 다음과 같습니다.

(1) 나누는 수 0.18과 처음의 수의 소수점을 오른쪽으로 두 개 옮깁니다. 즉 둘 다 100배 합니다. 그러면 0.18×100=18, 45×100=4500.

(2) 자연수의 나눗셈과 똑같이 계산한 그 결과가 답입니다.

```
        250
0.18) 45.00
      36
      ----
       90
       90
      ----
        0
```

답 250원

위의 소수의 나눗셈의 방법이 옳다는 사실을 다음과 같이 설명할 수 있습니다.

$0.18=18\div100=\frac{18}{100}$, $45=4500\div100=\frac{4500}{100}$

이것으로 다음과 같은 사실을 알 수 있습니다.

$$45\div0.18=\frac{4500}{100}\div\frac{18}{100}$$
$$=\frac{4500}{100}\times\frac{100}{18}$$
$$=\frac{4500}{18}$$
$$=4500\div18$$

45÷0.18은
4500÷18과
같습니다.

그렇다면 소수÷소수의 나눗셈은 어떻게 해야 할까요?

2.94÷1.4를 풀어보겠습니다.

(1) 나누는 수 1.4를 자연수로 고치기 위해서 소수점을 오른쪽으로 한 번 옮겨서(즉 10을 곱한다) 14로 합니다. 처음의 수 2.94도 소수점을 오른쪽으로 한 번 옮겨서(즉 10을 곱한다) 29.4로 합니다. 처음의 수는 자연수가 되지 않아도 됩니다.

(2) 처음의 수의 소수점은 생각하지 않고 보통 자연수와 마찬가지로 계산해서 몫을 구합니다.

(3) 마지막으로 처음의 수 29.4의 소수점 바로 위에 소수점을 찍습니다. → 2.1이 답입니다.

(2)
```
      2 1
14 ) 29.4
     28
     ----
      1 4
      1 4
     ----
        0
```

(3)
```
      2.1
14 ) 29.4
```

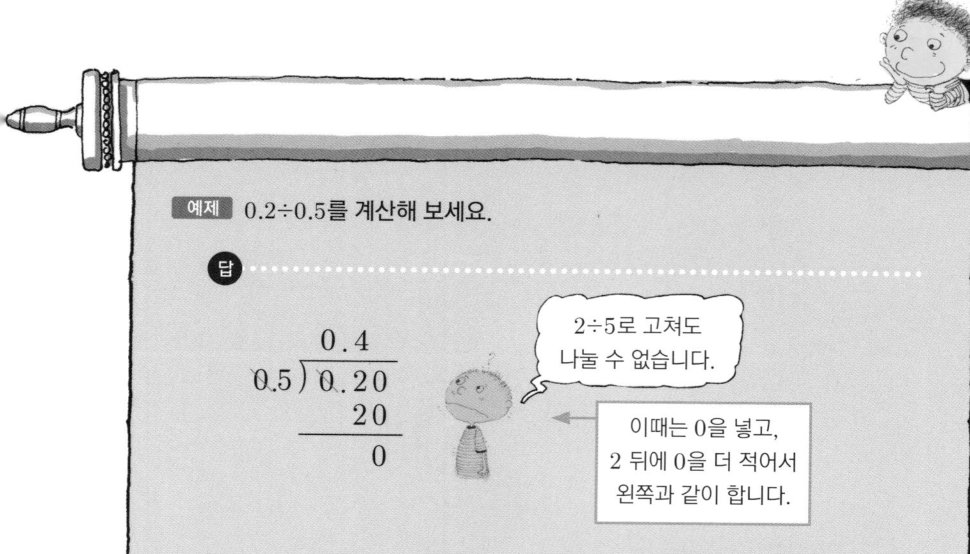

예제 0.2÷0.5를 계산해 보세요.

답

```
      0.4
0.5 ) 0.20
        20
      ----
         0
```


이때는 0을 넣고,
2 뒤에 0을 더 적어서
왼쪽과 같이 합니다.

문제 1 아래의 ( ) 안에 알맞은 수를 적어 보세요.

```
        1.( )( )
12.2 ) 19.886
       12 2
       -----
        768
        732
       -----
         366
         366
       -----
           0
```

19.886÷12.2

문제 2 다음 계산을 해 보세요.

① 0.48÷0.6

② 70.09÷3.26

③ 3÷4

3÷4를 분수로 나타내면 $\frac{3}{4}$. 소수로는?

소수의 나눗셈은 항상 나누어떨어진다고 할 수 없습니다.

예제 2÷0.3을 계산해 보세요. 답은 소수 둘째 자리를 반올림해서 소수 첫째 자리까지 적으세요.

답

```
      6.66
0.3 ) 2.0
      1 8
      ----
       20
       18
      ----
        20
        18
      ----
         2
```

계산은 계속
이어지지만,
여기서 그만둡니다.

여기서 소수 둘째 자리를 반올림합니다. 즉 소수 둘째 자리의 수가 5 이상이면 소수 첫째 자리 수에 1을 더합니다. 소수 둘째 자리의 수가 5 이하이면 그냥 소수 둘째 자리의 수를 지웁니다. 이 경우는 6.66 → 6.7이 됩니다. 답 6.7

예제 1ℓ의 우유를 0.18ℓ 병에 담으려면 몇 개의 병이 필요할까요? 또한 남은 우유는 몇 ℓ입니까?

답

$1 \div 0.18$을 일의 자리까지 구하고 나머지를 구합니다.

$$\begin{array}{r} 5 \\ 0.18\overline{)1.00} \\ \underline{90} \\ 0.10 \end{array}$$

나머지의 소수점은,
처음의 수의 소수점의
위치에 가지런히 맞춥니다.

$0.18 \times 5 + 0.1 = 1$,
역시 정확하다!

답 5개 나머지 0.1ℓ

문제 1 다음 나눗셈을 반올림해서 소수 첫째 자리까지 구해 보세요.

① $0.22 \div 0.7$ ② $10 \div 13$

문제 2 아버지의 몸무게는 62.5kg이고, 내 몸무게는 27.3kg입니다. 아버지의 몸무게는 내 몸무게의 몇 배입니까? 반올림해서 소수 첫째 자리까지 구해 보세요.

문제 3 2.8m의 리본을 0.3m씩 나누면 몇 명이 가질 수 있습니까? 또한 나머지는 몇 m입니까?

소수와 분수

이제까지 배운 것으로 소수, 분수의 나눗셈은 서로 깊은 관계가 있다는 사실을 알았습니다. 마지막으로 복습하면서 이 관계를 정리하겠습니다.

예제 2.54를 분수로 고쳐 보세요.

답

$$2.54=2+\frac{5}{10}+\frac{4}{100}$$

이므로, 오른쪽 부분을 더해서 하나의 분수로 정리합니다.

$$2+\frac{5}{10}+\frac{4}{100}=2\frac{54}{100}\left(=2\frac{27}{50}\right)$$

문제 다음 소수를 분수로 고쳐 보세요.

① 1.86　② 0.54　③ 3.002　④ 23.04

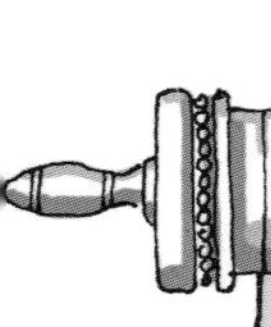

예제 $\frac{3}{4}$을 소수로 고쳐 보세요.

답

$\frac{3}{4}$은 $3 \div 4$(148쪽)이므로,

$3 \div 4 = 0.75$

분수 $\frac{○}{□}$을 소수로 고칠 때는 ○÷□를 계산하면 됩니다.

체크

분수를 소수로 고치기 위해서 나눗셈을 하면 $\frac{1}{3} = 0.3333\cdots\cdots$ 처럼, 숫자가 반복되기도 합니다.

문제 다음 분수를 소수로 고쳐 보세요.

① $\frac{4}{5}$ ② $\frac{2}{25}$ ③ $\frac{23}{4}$ ④ $\frac{3}{8}$

$\frac{3}{4}$은 $\frac{1}{4}$을 3개 합한 것이므로 아래의 그림을 보면, $\frac{3}{4}$은 3을 같은 크기로 4개 나눈 것과 같습니다.

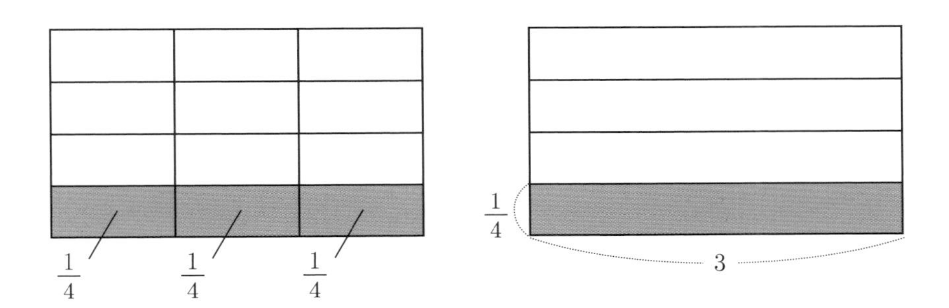

$\frac{3}{4}$은 3을 4개로 나눈 크기와 같습니다.

$$\frac{3}{4}$$
$=3÷4$
=3을 4로 나눈 하나
$=\frac{1}{4}$이 3개

답이다~ 답!
과연
나의 점수는~!!
?
틀린 문제가 있어도
실망하지 말고 차근차근
다시 살펴봐야 해.
그럼 다음에는
안 틀리겠죠?!

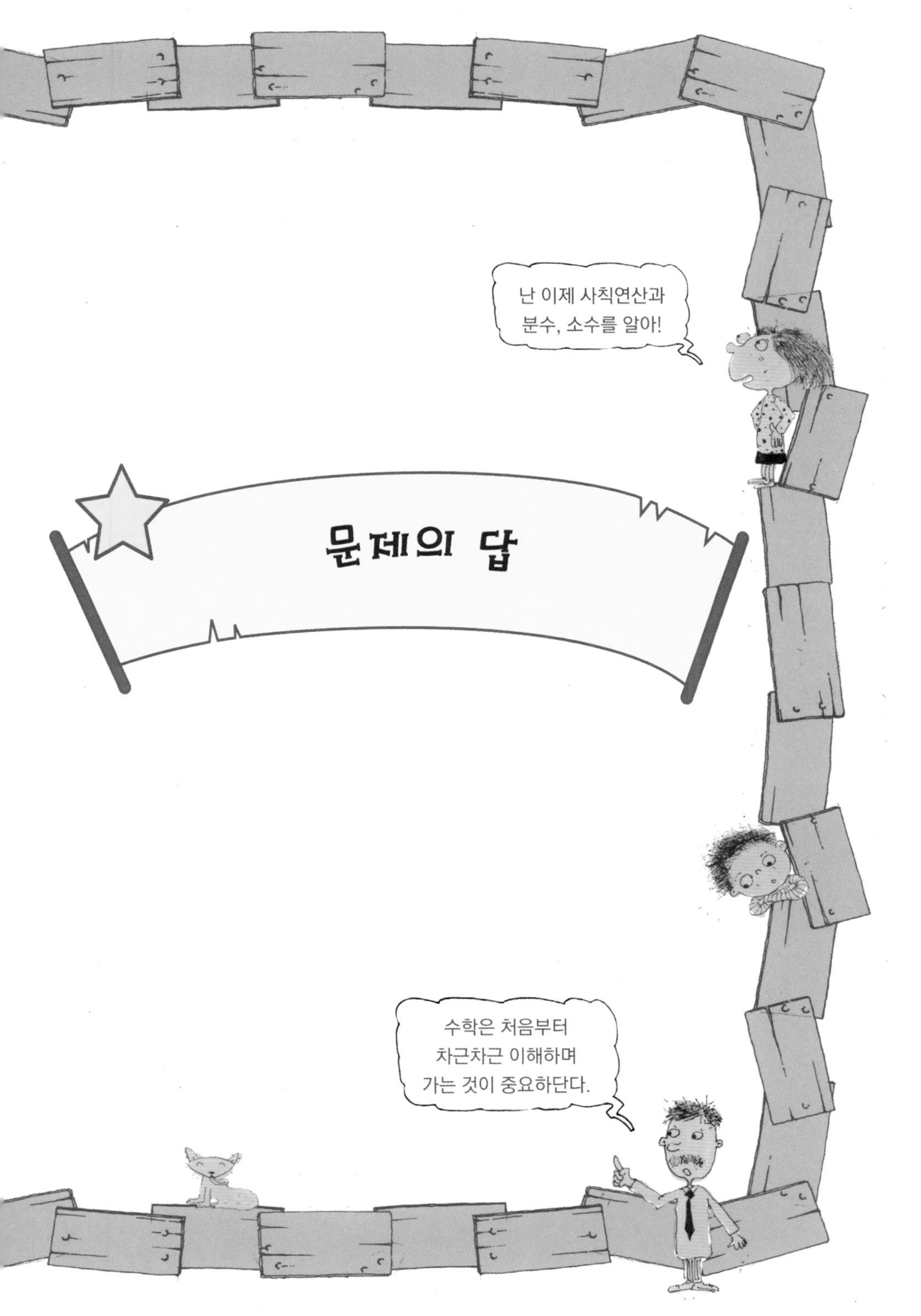
난 이제 사칙연산과
분수, 소수를 알아!
문제의 답
수학은 처음부터
차근차근 이해하며
가는 것이 중요하단다.

문제의 답

17쪽 $\frac{1}{5}$개

25쪽 1. 생략

2. ① $\frac{2}{3}$m ② $\frac{2}{6}$m$\left(=\frac{1}{3}\text{m}\right)$ ③ $\frac{3}{5}$m

3. ① $\frac{2}{5}$㎡ ② $\frac{6}{12}$㎡$\left(=\frac{1}{2}\text{㎡도 맞다}\right)$

27쪽 1. 분모는 3, 분자는 2.

2. $\frac{5}{8}$

28쪽 1. $1\frac{1}{3}m$

2. $3\frac{2}{5}$

34쪽 ① $1\frac{2}{5}$ ② $3\frac{2}{3}$ ③ $1\frac{2}{7}$ ④ $5\frac{1}{5}$ ⑤ 8

35쪽 $\frac{5}{3}$, $\frac{5}{2}$, $\frac{10}{5}$, $\frac{100}{10}$, $\frac{20}{20}$

39쪽

$\frac{2}{5}$의 분모, 분자에 2를 곱하면 $\frac{4}{10}$.

3을 곱하면 $\frac{6}{15}$.

4를 곱하면 $\frac{8}{20}$.(그림 생략)

41쪽

$\frac{1}{2}$, $\frac{6}{12}$, $\frac{9}{18}$

42쪽

분모, 분자를 2로 나누면 $\frac{3}{4}$

44쪽

① $\frac{1}{2}$ ② $\frac{1}{5}$ ③ $\frac{2}{3}$ ④ $\frac{5}{8}$ ⑤ $\frac{1}{2}$ ⑥ $\frac{3}{8}$

45쪽

기약분수는 ①, ②, ④, ⑥, ⑧, ⑩

기약분수가 아닌 것은 ③ $\frac{1}{2}$, ⑤ $\frac{1}{2}$, ⑦ $\frac{2}{3}$, ⑨ $\frac{1}{2}$

46쪽

1. 8

2. 2

3. $\frac{3}{9}$

48쪽

1. ① $\frac{3}{9}$ ② 4를 곱한다 ③ $\frac{5}{15}$ ④ $\frac{6}{18}$ ⑤ 7을 곱한다

   ⑥ $\frac{4}{6}$ ⑦ $\frac{6}{9}$ ⑧ $\frac{8}{12}$ ⑨ $\frac{10}{15}$ ⑩ $\frac{12}{18}$ ⑪ $\frac{14}{21}$

2. ① 9, 22 ② 6, 33 ③ 9, 20 ④ 15, 8

3. $\frac{2}{5}$, $\frac{6}{15}$, $\frac{16}{40}$

50쪽

1. ① 3 ② 4 ③ 3 ④ 2 ⑤ 8　　2. ①, ④, ⑤

52쪽 12, 11

54쪽 ① $\frac{3}{6}$과 $\frac{4}{6}$ ② $\frac{4}{18}$와 $\frac{1}{18}$ ③ $\frac{5}{15}$와 $\frac{12}{15}$

55쪽 1. ① $\frac{6}{12}$, $\frac{3}{12}$, $\frac{2}{12}$ ② $\frac{8}{16}$, $\frac{12}{16}$, $\frac{2}{16}$, $\frac{3}{16}$

2. ① $\frac{2}{9}$, $\frac{1}{3}$, $\frac{3}{6}$ ② $\frac{11}{24}$, $\frac{1}{2}$, $\frac{7}{12}$, $\frac{2}{3}$

60쪽 ① $\frac{5}{6}$, $\frac{3}{6}$ ② $\frac{4}{12}$, $\frac{9}{12}$ ③ $\frac{21}{36}$, $\frac{22}{36}$ ④ $\frac{45}{50}$, $\frac{26}{50}$

62쪽 1. ① 2, 3, 9 ② 2, 1, 3 ③ $2\times3\times2\times1\times3=36$ ④ 9, 27

⑤ $\frac{27}{36}$, $\frac{30}{36}$, $\frac{16}{36}$

2. ① $\frac{25}{60}$, $\frac{21}{60}$ ② $\frac{13}{52}$, $\frac{21}{51}$

③ $\frac{3}{6}$, $\frac{2}{6}$, $\frac{1}{6}$ ④ $\frac{45}{60}$, $\frac{5}{60}$, $\frac{16}{60}$

3. ① $\frac{6}{13}>\frac{7}{25}$ ② $\frac{3}{16}<\frac{4}{19}$

③ $\frac{11}{14}<\frac{17}{21}<\frac{5}{6}$ ④ $\frac{5}{9}<\frac{21}{34}<\frac{13}{18}$

68쪽 1. ① $\frac{3}{4}$ ② $\frac{4}{5}$ ③ $\frac{8}{13}$ ④ $\frac{5}{9}$

2. ① $\frac{3}{7}$ ② $\frac{5}{8}$ ③ $\frac{3}{10}$ ④ $\frac{3}{5}$ ⑤ $\frac{6}{7}$ ⑥ $\frac{3}{4}$ ⑦ $\frac{1}{3}$ ⑧ $\frac{1}{5}$

70쪽 ① $1\frac{1}{6}$ ② $\frac{17}{30}$ ③ $\frac{19}{20}$ ④ $\frac{25}{42}$ ⑤ $1\frac{1}{21}$ ⑥ $1\frac{19}{30}$

72쪽 1. ① 5 ② $\frac{2}{3}$ ③ $5\frac{2}{3}$ 2. ① $8\frac{2}{3}$ ② $5\frac{4}{5}$

73쪽 ① $9\frac{1}{2}$ ② $4\frac{1}{3}$

74쪽 ① $3\frac{3}{7}$ ② $1\frac{4}{5}$ ③ $4\frac{2}{3}$ ④ $6\frac{4}{5}$

75쪽 ① $3\frac{5}{6}$ ② $10\frac{1}{2}$ ③ $4\frac{7}{12}$ ④ $7\frac{1}{2}$

76쪽 ① $4\frac{1}{2}$ ② $5\frac{2}{3}$ ③ $6\frac{1}{3}$ ④ $2\frac{3}{8}$

77쪽 ① 7 ② $6\frac{2}{5}$ ③ $3\frac{1}{2}$ ④ 7 ⑤ $9\frac{5}{12}$ ⑥ $7\frac{1}{4}$

79쪽 ① $1\frac{1}{7}$ ② $1\frac{29}{60}$

80쪽 ① $2\frac{1}{2}$ ② $3\frac{13}{14}$ ③ $2\frac{11}{24}$ ④ $9\frac{9}{10}$

82쪽 ① $\frac{2}{5}$ ② $\frac{2}{3}$ ③ $\frac{2}{7}$ ④ $\frac{1}{4}$

83쪽 ① $\frac{3}{8}$ ② $\frac{1}{6}$ ③ $\frac{2}{15}$ ④ $\frac{29}{60}$

84쪽 ① $3\frac{1}{3}$ ② $2\frac{1}{2}$ ③ $1\frac{4}{5}$ ④ $2\frac{1}{2}$

85쪽 ① $\frac{2}{5}$ ② $\frac{2}{3}$ ③ 3 ④ 5

87쪽 1. ① $1\frac{2}{3}$ ② $1\frac{1}{2}$ 2. ① $1\frac{1}{4}$ ② $1\frac{1}{6}$ ③ $\frac{1}{2}$ ④ $8\frac{2}{3}$

88쪽 ① $\frac{3}{4}$ ② $3\frac{13}{24}$

89쪽 ① $1\frac{4}{9}$ ② $\frac{1}{9}$ ③ $\frac{1}{3}$ ④ $1\frac{2}{9}$

90쪽 ① $\frac{1}{24}$ ② $\frac{19}{36}$

91쪽 ① $2\frac{2}{9}$ ② $4\frac{1}{4}$

92쪽 ① $\frac{1}{4}$ ② $1\frac{1}{17}$

93쪽 ① $4\frac{7}{30}$ ② $2\frac{1}{2}$

99쪽 ① $\frac{1}{6}$ ② $\frac{9}{20}$ ③ $2\frac{1}{10}$ ④ $\frac{5}{12}$

101쪽 1. ① 1 ② 1 ③ 2 ④ 3 ⑤ 1 ⑥ 6

2. ① $\frac{1}{3}$ ② $\frac{1}{2}$ ③ $\frac{3}{32}$ ④ $1\frac{1}{3}$

103쪽 ① 2 ② $1\frac{1}{2}$ ③ 10 ④ $1\frac{1}{7}$

104쪽 ① $6\frac{2}{3}$ ② $4\frac{1}{6}$ ③ $7\frac{5}{16}$ ④ $\frac{4}{9}$

107쪽 1. ① $\frac{5}{8}$ ② $\frac{1}{21}$ ③ $3\frac{3}{4}$ ④ $\frac{1}{2}$

2. (1) $2\frac{1}{2}=\frac{5}{2}$, $4\frac{2}{5}=\frac{22}{5}$ (2) $18\frac{1}{3}$

3. ① $\frac{7}{12}$ ② $12\frac{57}{64}$ ③ $\frac{1}{42}$ ④ $6\frac{51}{56}$

111쪽 $\frac{1}{2}$ ℓ에는 $\frac{3}{8}$kg, $3\frac{3}{4}$ ℓ에는 $2\frac{13}{16}$kg

114쪽 135㎝

117쪽 ① $\frac{2}{3}$, 작지 않다 ② $28\frac{3}{5}$, 크지 않다

③ $\frac{3}{28}$, 작지 않다

120쪽 1. ① $1\frac{1}{3}$ ② $1\frac{1}{2}$ ③ $3\frac{3}{4}$ ④ $\frac{11}{16}$

2. ① $\frac{1}{3}$ ② $\frac{5}{9}$

122쪽 ① $\frac{2}{5}$ ② $\frac{6}{3}=2$ ③ $1\frac{1}{3}$

124쪽 ① $6\frac{3}{4}$ ② $\frac{9}{16}$

125쪽 1. $3\frac{7}{15}$g 2. $\frac{7}{20}$ℓ 3. $\frac{4}{9}$m

129쪽 (1) 10이 3개와 1이 2개

(2) 100이 4개와 10이 5개 (1은 0개)

131쪽 1.(1) 51.8 (2) 320.4 (3)위 13.2㎝ 아래 6.5㎝

2.① 2.3 ② 12.5 ③ 3.8

133쪽 1. ① 8.03 ② 5.017 ③ 2.1905

2. ① 1.23m ② 1.231m

137쪽 1.① 3.63 ② 12.81 ③ 15.33 ④ 10.19 ⑤ 18.05

2. 3.5m

138쪽 1.① 14.3 ② 7.74 ③ 10.58 ④ 2.61 ⑤ 7.63

2. 7.13m

142쪽 ① 458 ② 3160 ③ 28 ④ 4.05 ⑤ 0.0271 ⑥ 0.001

145쪽 1. ① 9 ② 1.705 ③ 0.92 ④ 8.188 ⑤ 1.5

2. ① 5.852kg ② 57.96㎡

148쪽 1. 6, 3

2. ① 0.8 ② 21.5 ③0.75

3. ① 0.3 ② 0.8

150쪽 1. ① 0.3 ② 0.8

2. 2.3

3. 9사람에, 나머지는 0.1m

151쪽 ① $1\frac{86}{100}\left(=1\frac{43}{50}\right)$ ② $\frac{54}{100}\left(=\frac{27}{50}\right)$

③ $3\frac{2}{1000}\left(=3\frac{1}{500}\right)$ ④$23\frac{4}{100}\left(=23\frac{1}{25}\right)$

154쪽 ① 0.8 ② 0.08 ③ 5.75 ④ 0.0375

친구를 만났다. 평범한 일본 아줌마다. 딸만 셋 키우는데, 동네 아이들을 모아 주판을 가르치고 있었다. 주판 선생님이라니, 언제 그런 것을 배웠냐고 물었더니, 초등학교 때부터 배워서 급수도 가지고 있다고 했다. 일본학생들이 주판과 붓글씨를 많이 배운다는 사실을 알고 있었지만. 그랬구나, 전혀 모르고 있었다. 수학과는 전혀 연결이 되지 않는 친구였다. 미술 전문대학으로 진학했고, 대학 때 '미스일본대회'에 나갔다는 이야기 정도로 기억할 뿐이다.

딸 셋에게도 주판을 가르치고 있었다. 아직 구구단을 외우지 못하는 셋째가 곱셈문제지를 들고 주판을 했다. '대단하다'는 나의 감탄에, 그냥 손가락 연습을 시킬 뿐이라고 했다. 구구단이 적힌 종이를 옆에 두고. '니네 아이들 수학 잘 하겠다'는 나의 물음에 '응, 계산은 잘 하는데, 수학은 잘 못해'라는 답을 아무렇지도 않게 한다. 그렇구나. 사실 이 친구도 수학을 잘 하지는 못했던 것으로 기억한다.

그건 그렇고 '일본에서는 원주율을 3.14가 아닌 3으로 계산한다고 하는데, 어떻게 생각하냐'고 물었다. 대답은 너무 간단했다.

"원주율은 원래 3.14가 아니라 3.14159……로 한없이 이어지는 수인데 어디서 끊어서 계산한들 뭐가 어때. 사실 살아가는데 소수 계산을 할 일은 별로 없잖아.”

물론 이 친구는 공부 제일주의의 엄마가 아니다. 남에게 폐를 끼치지 않는 일본의 한 시민으로 키우는 것으로 만족하는 평범한 일본 아줌마이다. 그래도 참 편하게 생각한다. 나라에서 정한 일에 대해, 학교에서 정한 일에 대해 그냥 그렇게 받아들이고 있었다. 사실 일본에서는 소수를 계산하지 못하는 아이들이 생길 것이라는 염려의 소리도 적지 않다. 이에 대해 소수 계산을 지도하지 않는다는 것이 아니라 원주율을 ‘3’으로 계산할 뿐이라고 한다.

뭐, 나랑은 상관이 없는 일이다. 일본의 일이니. 서점에 가면 원주율의 숫자를 나열하는 것만으로 근 300페이지에 이르는 책을 출판하는 나라가 일본이다. 초등학교에서 원주율을 ‘3’이라고 가르친다고 해도, 그 배경으로는 이런 책들이 출판되는 나라다. 그래도 원주율은 3.14인데……. 아무리 그래도 ‘이 정도의 소수는 계산해야지’ 라고 미련을 버리지 못하는 것은, 나의 어리석음인가.

2007년 봄

옮긴이 고선윤